冲击地压扰动加载致灾理论与
防 治 技 术

陈学华　吕鹏飞　著

应 急 管 理 出 版 社

·北　京·

内 容 提 要

本书从定义扰动加载型冲击地压的概念出发，对扰动加载型冲击地压机理进行了理论、试验与实践研究，在此基础上提出了其针对性的预测方法与防治技术。具体内容包括扰动加载型冲击地压孕育条件与失稳过程，扰动加载触发煤体冲击破坏的试验机理，煤岩"扰动—冲击"致灾系统失稳的扰动能量作用原理，基于微震监测的采煤工作面扰动强度显现特征，扰动加载型冲击地压的针对性预测方法和防治技术体系。本书所述的扰动加载型冲击地压致灾机理与防治技术，既有深入、系统的理论新认识，又有对理论建设现场应用价值的实践验证。

本书适用于从事冲击地压防治工作的教学、科研工作者与现场工程人员阅读和参考。

前　言

　　我国是世界上主要产煤大国之一，煤炭资源主要分布于西北部、北部、中部、东北部，95%以上的煤炭产量采用井工作业的开采方式。我国特有的地下煤系地层结构分布特征，深部围岩"三高一扰"的区域响应特征，构造区域复杂的应力分布及再分布特征等，使得冲击地压、煤与瓦斯突出、矿震等矿井动力灾害成为影响井工煤矿开采的重大技术难题。我国煤矿生产事故、人员伤亡情况长期以来一直高于美国、俄罗斯、澳大利亚等产煤大国。近几年，随着煤矿安全生产形势的持续好转，我国煤矿百万吨死亡率等指标已接近世界发达产煤国家的水平。

　　我国煤矿经历了数十年的高强度开采，浅部煤炭资源大部分已经开发，目前，我国埋深超过 1000 m 的煤炭资源储量为 2.5 亿 t，约占剩余煤炭资源储量的 53%。深部开采面临更复杂的地质条件和更严峻的各种灾害的威胁，以冲击地压为代表的矿井动力灾害发生频次、强度都呈上升趋势。近些年企业加强了煤矿灾害治理工作的投入，效果显著，但仍发生了几起伤亡较大的冲击地压事故，说明防治以冲击地压为代表的煤岩动力灾害仍然迫在眉睫。

　　据统计，目前我国正在开采的冲击地压矿井 253 个，分布于 26 个省、市及自治区。以前，我国的冲击地压矿井主要分布在中东部的老矿区，如鹤岗、双鸭山、阜新、抚顺、京西、开滦、义马、枣庄、新汶等。但近年来，在陕西、内蒙古、山西、新疆等主要产煤大省、自治区有大量新的冲击地压矿井出现。我国于 20 世纪投产的矿井，目前大部分进入深部开采时期，发生冲击地压的频度和强度有所提升；此外，采煤范围和强度增加，煤炭需求量逐年增加，造成坚硬顶板下的采空区面积逐年增大，煤矿生产中的实际采掘速度大幅度提升，使矿井冲击地压的显现强度有所增加，一些浅部开采并未发生过冲击地压的矿井在深部开采过程中也发生了冲击地压事故。

冲击地压是发生在井工煤矿开采过程中的典型煤岩动力灾害之一，具体是指井巷或工作面周围岩体由于弹性变形能的瞬间释放而产生突然剧烈破坏的动力现象，常伴有煤岩体抛出、巨响及气浪等现象，具有极大的危害性。冲击地压按应力作用时间可分为蠕变型冲击地压和扰动加载型冲击地压，扰动加载型冲击地压因震动扰动的突然发生和难以预测所以更具危险性；另外，深部开采的扰动强度逐渐增大，由矿震诱发的扰动加载型冲击地压日趋严重且难以治理。因此，作者旨在揭示扰动加载型冲击地压的致灾机理，构建基于扰动加载型冲击地压致灾机理的预测准则，进而提出有针对性的防冲对策并应用于现场工程实践，为冲击地压的有效防治提供理论指导。

根据多起冲击地压事故的调查结果，冲击地压多数是由工作面开采外部震动扰动与煤壁或巷道附近煤岩体中的高应力叠加触发了冲击地压灾害或因冲击地压诱发的次生灾害。在该类型灾害孕育和发生过程中，外部震动的扰动加载起到了主导作用，因此将这类冲击地压称为扰动加载型冲击地压。扰动加载型冲击地压发生前，工作面煤壁或巷道附近煤岩体中应力集中有时并不明显，钻屑法和应力在线监测等难以检测到冲击地压的危险性；加上外部震动扰动释放突然，扰动强度难以预测，该类型冲击地压前兆信息难以捕捉，在工程实践中预测和防治难度更大。

作者根据对扰动加载型冲击地压的研究，重新定义了扰动加载型冲击地压的概念，从源头上系统地对扰动加载型冲击地压致灾机理和预测防治的每一个环节进行了翔实的分析、推导、试验，以及实践。

本书由陈学华、吕鹏飞共同编写，具体分工如下：第1~4章由吕鹏飞编写；第5~6章由陈学华编写；全书由陈学华统一审校定稿。

本书在编写过程中，现场技术资料收集及整理得到了兖州煤业股份有限公司东滩煤矿的大力支持，实验室试验部分得到了中国矿业大学深部煤炭资源开采教育部重点实验室的大力支持，在此表示衷心感谢！

　　由于作者水平有限，书中不足之处在所难免，欢迎广大读者批评指正！

作　者

2019 年 6 月

目　　　录

1 绪 论

1.1 冲击地压发生背景及研究意义

2017 年，煤炭占中国一次能源生产、消费构成的比例高达 72.1% 和 64%，煤炭资源的高效开发利用对于稳固我国的经济命脉和保证能源安全具有举足轻重的作用。结合我国"富煤、贫油、少气"的能源结构特征，无疑向我国煤炭产业保持长期持续、稳定、健康发展提出了挑战。

冲击地压是指井巷或工作面周围岩体由于弹性变形能的瞬间释放而产生突然剧烈破坏的动力现象，常伴有煤岩体抛出、巨响及气浪等现象，具有极大的危害性。我国自 1933 年于抚顺胜利煤矿第一次发生冲击地压事故以来，冲击地压矿井数量逐年攀升，20 世纪 50—90 年代末，冲击地压矿井数量平缓增长；20 世纪 90 年代末以后，由于煤矿采掘速度提高，进入深部开采的矿井数量增多，冲击地压矿井数量增加速度明显加快；截至目前，我国共有 179 对矿井发生过冲击地压事故，绝大部分位于山东、陕西、黑龙江、新疆、甘肃、河南，其中山东省是冲击地压矿井分布最多的省份，占全国冲击地压矿井数量的 30%。

近年来，冲击地压治理工作取得了一定进步，但仍发生数起典型冲击地压事故。例如，2018 年 10 月 20 日 22 时 37 分 51 秒，山东龙郓煤业有限公司 1303 km 采深工作面泄水巷及 3 号联络巷发生一起由构造与高应力共同作用引起的重大冲击地压事故，事故造成 21 人死亡，4 人受伤，直接经济损失 5639.8 万元。2017 年 11 月 11 日 14 时 30 分，沈阳焦煤股份有限公司红阳三矿西三上采区 702 工作面发生一起 2.4 级大范围矿震引起的冲击地压事故，工作面回风巷前方 218.3 m 巷道全部被压垮，经济损失严重。2017 年 1 月 17 日 10 时 15 分，山西中煤担水沟煤业有限公司 4203 综采工作面运输巷发生一起重大顶板冲击地压事故，事故造成短时间内工作面前方约 200 m 范围的运输巷出现不同程度的破坏，10 名矿工遇难，直接经济损失 1517.46 万元。2013 年 3 月 15 日 5 时 20 分，龙煤集团鹤岗分公司峻德煤矿综采一区发生冲击地压事故，事故造成 5 名矿工遇难，直接经济损失 663.59 万元。2011 年 11 月 3 日 19 时 18 分 44 秒，义马煤业（集团）有限责任公司千秋煤矿 21221 工作面下巷发生了冲击地压事故，事故造成 10 名矿工遇难，64 名矿工不同程度地受伤，直接经济损失 2748.48 万元。冲击地压亦可引起瓦斯爆炸、煤尘爆炸、矿井火灾等其他灾害。综上可知，研究冲击地压机理与防治技术对于煤矿安全高效生产具有极高的现实意义和应用价值。

根据对多起冲击地压事故的调查分析，冲击地压多数是由工作面开采外部震动扰动与煤壁或巷道附近煤岩体中的高应力叠加触发了冲击地压灾害或因冲击地压诱发的次生灾害。在该类型冲击灾害孕育和发生过程中，外部震动的扰动加载起到主导作用，因此将这类冲击地压称为扰动加载型冲击地压。扰动加载型冲击地压发生前，工作面煤壁或巷道附近煤岩体中应力集中有时并不明显，钻屑法和应力在线监测等难以检测到冲击危险性；加上外部震动扰动释放突然，扰动强度难以预测，该类冲击地压前兆信息难以捕捉，在工程实践中预测和治理难度更大。对此类冲击地压的研究，应首先分析扰动加载型冲击地压孕育的自然条件，其次掌握煤岩体对外部震动扰动的响应特征，最后明确外部震动扰动对工作面附近煤岩体的扰动能量作用原理，为准确预测和科学治理该类冲击地压提供理论支撑。

1.2　冲击地压失稳理论研究现状

1. 冲击地压的界定及分类

矿震、冲击地压这两个煤矿界的名词，长期以来没有清晰的界限，我国众多专家、教授都曾对冲击地压进行过定义，但并未达成共识。2014 年，姜耀东、潘一山等对矿震、冲击地压进行了全新定义，冲击地压是指井巷或工作面周围岩体，由于弹性变形能的瞬时释放而产生突然剧烈破坏的动力现象，常伴有煤岩体抛出、巨响及气浪等现象；矿震是指井巷或工作面周围煤岩体中突然在瞬间发生伴有巨响和冲击波的震动，但不发生煤岩抛出的弹性变形能释放现象。由此可见，二者都是作用于煤岩体，但作用效果不同，冲击地压发生时在工作面或巷道附近有剧烈的煤岩破坏，而矿震通常不发生煤岩抛出现象；另外，通常情况下二者的作用位置也有区别，冲击地压一般发生在工作面附近，而大能量矿震的发生位置一般与煤层存在一定的高差。

目前，按照冲击地压发生机理对冲击地压的分类也未达成共识。佩图霍夫将冲击地压分为近场由采掘引起的冲击地压和远场由应力再分布引起的冲击地压；姜耀东等将冲击地压分为材料失稳型冲击地压、滑移错动型冲击地压、结构失稳型冲击地压；齐庆新等将冲击地压分为构造冲击地压、坚硬顶板冲击地压、煤柱冲击地压；钱七虎将冲击地压分为剪切型和滑移失稳型；潘一山等将冲击地压分为煤体压缩型、顶板断裂型、断层错动型 3 类；何满潮等将冲击地压分为单一能量诱发型和复合能量转化型 2 类；姜福兴等将构造控制型冲击地压分为增压型和减压型两类。

纵观上述对冲击地压的分类方式，可以归纳为一类是由于煤层开采自身静载荷过高引起的蠕变型冲击地压；另一类是煤层开采伴随扰动载荷与静力载荷叠加引起的扰动加载型冲击地压。本书涉及的冲击地压类型属于后者。

2. 冲击地压失稳理论

1955 年苏联的阿维而申撰写了一本名为《冲击地压》的专著，奠定了冲击地压研究的基础。从此，全世界开始对冲击地压进行系统研究，经过数十年的探索与总结，提出了若干种机理与假说，基本可以认定冲击地压是特定地质条件下煤岩体与采矿行为综合作用下的非线性动力学过程，是载荷、结构、构造环境、物理力学性质等的综合反映，形成过程复杂，涉及学科众多，同时具有时空演化特征。在长期研究中，形成了强度理论、能量理论、刚度理论、冲击倾向理论、冲击失稳理论、三准则理论、三因素理论等一系列经典理论。

近些年，专家学者不断地补充和完善冲击地压的相关研究，取得众多研究成果。窦林名等提出了动静组合加载情况下冲击矿压发生的应力、能量条件，界定了触发冲击矿压的煤矿动载应变率为 $10^{-3} \sim 10^{-1}/s$，指出强动载型冲击矿压发生机制是强矿震动载与低采动应力叠加超过煤岩体极限强度，通常发生在浅部矿井或矿井开采浅部煤层时，强矿震起主导作用；高静载型冲击矿压发生机制是深部矿井开采采动应力过高，即使与微弱的矿震扰动载荷叠加也会诱发冲击矿压，这时煤岩自身承受的静力载荷占主导地位。

张宏伟等认为冲击地压的发生必须具备相应的地质动力环境，矿井开采活动只是冲击地压发生的充分条件，据此建立了冲击地压地质动力条件评价方法和指标体系，其地质动力条件评价判据主要包括开采深度判据、应力判据、构造判据、断裂判据、顶板判据、邻区判据等，该研究成果在新疆乌东煤矿、抚顺老虎台煤矿等多个矿区和矿井得到良好的应用。

潘一山针对一些矿井存在冲击地压和煤与瓦斯突出两种灾害共存的现象，并且在多数情况下两种灾害相互影响、相互复合，难以界定单一灾害类型，提出了煤与瓦斯突出、冲击地压复合动力灾害的概念，分析了复合动力灾害的统一失稳机理，构建了复合动力灾害的统一失稳判别准则，形成了复合动力灾害的一体化分类分级防治技术，并进行了现场实践应用和效果检测。

姜福兴等研究了应力高度集中区域分层开采条件下冲击地压的发生机理和治理方法，认为上层煤煤柱和断层作用是高应力集中区形成的主要原因，垂直应力增大促使巷道底煤水平应力突变，从而迫使煤岩发生冲击型滑移的动力现象，同时水平应力突变亦会迫使底板煤岩发生扭曲破坏。

潘俊锋等根据理论分析和微震监测结果提出了冲击地压发生的冲击启动理论，认为冲击地压的发生要经历冲击启动、冲击传递和冲击显现 3 个阶段，将冲击地压归纳为工程结构类型和集中静载类型两类，并根据真实案例分析了两类冲击地压的发生过程，同时分别给出了两类冲击启动的能量判据。

潘立友等将冲击地压发生具备的工程缺陷体进行了定义，分析了煤层中工程缺陷体的应力分布、传递特征，探讨了工程缺陷法防治冲击地压的机理，并采用数值模拟进行了验证，同时得到了良好的现场应用反馈。

许胜铭等采用理论分析和现场观测分析了工作面开切眼及初采阶段的冲击地压发生机制，认为工作面开切眼和初采阶段发生冲击事故的主要原因是邻近采空区区域的应力转移和开切眼附近的断层活化。

马念杰等根据巷道塑性破坏形态提出了圆形巷道蝶型冲击机制，认为突发事件的诱导作用改变了塑性区的蝶状分布状态，促使圆形巷道塑性区发生急剧、跳跃式扩展，甚至形成爆炸式动力破坏现象，提出了蝶型巷道冲击的"三准则"，为圆形巷道冲击地压的防治提供了新思路。

陈学华等根据微震监测和理论分析研究了综放工作面过断层开采时冲击地压的 3 种发生机制，即断层活化机制、断层煤柱机制和断层错动机制，并按断层活化程度将冲击地压危险期分为 8 个阶段，提出了每个阶段的防冲对策，为工作面过断层开采时优化防冲对策提供依据。

李宝富等通过对巷道底板冲击机制的研究，得出了水平应力是诱发底板冲击的关键因素，底板层状特征及其小分层厚度是冲击地压发生的主要结构因素，并结合断裂力学原理确定了水平应力的计算方法，建立了巷道底板冲击的判别准则。

张宁博等基于黏滑理论阐释了断层区冲击地压发生机制是断层处的临界剪应力降低，更易达到其阈值，将断层区冲击地压的发生分为起始活化—剧烈活化—冲击显现 3 个阶段。

蓝航研究了新疆矿区近直立巨厚煤层开采发生冲击地压的机制，建立了岩柱外伸梁两侧采空的力学模型，认为岩柱的"撬杆效应"为冲击地压发生提供力源。由此提出了超前工作面定期爆破和高压注水降低岩柱应力集中程度的解危措施，现场反馈该方法可有效防治由岩柱应力集中引发的冲击地压。

张广辉等研究了高瓦斯煤层冲击地压发生机理，认为瓦斯长期作用于煤体，促使煤岩强度降低，减小了煤岩发生破裂的能量极限，削弱了抵抗外界压力的能力，同时给出了高瓦斯煤层冲击启动的能量判据。

王建超等运用数值计算研究了厚煤层夹矸分布对巷道冲击地压的影响，认为夹矸带形成的应力集中区与超前支撑压力叠加显现造成应力高度集中，基于此提出了"迎头—巷帮—底板"综合防冲卸压技术措施。

此外，一些专家学者也将很多近现代的科学理论应用在冲击地压机理的研究中，尝试运用多理论从多角度解释冲击地压发生的根本原因。陈学华等将分形理论引入冲击地压研究中，研究了煤岩体发生冲击破裂的碎片分形特征，分析了冲击地压检测钻孔的应力、应变前兆信息的分形特征，冲击地压频发区域的断裂构造分形特征等；刘少虹运用尖端突变理论分析了动静组合加载条件下煤岩破裂特征和冲击地压发生的混沌机制；尹光志等基于损伤理论研究了单轴压缩条件下的煤岩破裂特性；邹德蕴等运用能量传递与守恒理论对煤岩性状组织损伤弱化程度进行了分析，同时构建了其损伤力学方程。

1.3 冲击地压扰动理论研究现状

近些年，大量的工程实践表明一些冲击地压从孕育演化到发展发生之间明显受到矿震的扰动触发作用，具体表现为坚硬顶板破断、大断层滑移错动、工程爆破震动等。这种类型的冲击地压相比通常仅仅因煤层应力集中造成的冲击地压在机制上有一定区别，需要从动力学或能量传播耗散特征等角度阐释其机理。这种类型的冲击地压即为本书涉及的扰动加载型冲击地压。

我国采矿工程专家已经运用了一些动力学和能量理论等对动力扰动诱发冲击地压的机理进行了一些研究。牟宗龙提出了顶板诱发冲击地压的冲能原理和判别准则，认为顶板断裂引起的动态扰动载荷以应力波和能量的形式分别以矢量和标量的形式参与到煤岩破坏中，因此诱发冲击地压。曹安业等通过井下爆破试验和微震监测研究了煤岩特性对震动波传播效应的影响，揭示了不同覆岩情况下的矿震波传播效应。窦林名推导了三维应力波产生动载的表达式，分析了煤岩震动能量传播、耗散、转移特性，提出了动载诱冲的能量"锁闭"和"解锁"结构。

王家臣等通过建立顶板断裂失稳的突变模型分析了高强度开采条件下顶板动压诱冲机理，认为顶板断裂峰后软化模量大于固有弹性模量是导致冲击发生的关键因素。姜福兴等将采场内监测的应力突降信息作为矿震诱发冲击地压预判的前兆信息，提出了矿震诱发冲击地压的临场预警机制，认为震动扰动引起工作面支撑压力区受到强烈动压，迫使煤岩体因承受载荷超过其可承受的临界值而发生冲击性破坏。王恩元等基于 FLAC 3D 数值模拟分析了扰动频率、幅度等对煤岩系统的震动效应和能量作用特征。吕鹏飞等建立了煤岩"震—冲"动力系统，阐述了矿震震能产生、传播耗散特征及其诱发煤岩冲击失稳的机制，提出了"震—

冲"型冲击失稳的判据和"三位一体"防冲对策。苗小虎等基于微震监测分析了矿震诱冲机制，提出了初始震源和诱发震源的概念，认为初始震源的震动破坏是导致最终矿震诱发冲击地压的根本原因。

上述研究通过假设、监测、理论分析、数值模拟等对矿震波的扰动效应进行了一系列研究，并对扰动诱发冲击地压的机制进行了探讨，也有一些学者将扰动源抽象为简谐波或其叠加作用，用以分析应力波诱发冲击的机制。卢爱红运用ANSYS/LS-DYNA 软件模拟了简谐波控制下的巷道围岩应力、能量特征，并提出了冲击地压的能量密度判据。秦昊运用 FLAC 3D 软件研究了动力扰动作用下巷道围岩应力、应变、塑性破坏区分布特征，并分析了巷道冲击破坏的扰动因素。陈国祥运用 FLAC 2D 软件研究了不同扰动波对巷道围岩造成的冲击破坏特性。雷光宇运用 LS-DYNA 分析了不同强度扰动简谐波对围岩层裂破坏的影响程度。

综上分析，目前扰动加载型冲击地压的相关理论研究可大致分为三类：第一类是基于采矿学、断裂力学理论等从覆岩空间结构角度出发，分析坚硬顶板断裂、断层滑移等产生的震动扰动对冲击地压发生的影响；第二类是基于动力学理论，结合强度、能量理论分析震动扰动下冲击地压发生的强度、能量机制和判据；第三类是基于岩石力学理论，借助动态加载试验和动态应力波数值模拟等手段分析震动扰动作用下巷道或围岩应力、变形，以及破坏特征，从而揭示震动扰动对煤岩冲击破坏特征的影响。但是，要彻底查明扰动加载型冲击地压发生机制，仅仅从触发作用角度去研究是远远不够的，必须对冲击地压孕育过程，工作面附近煤岩体对震动扰动的响应特征，煤矿震动扰动触发冲击地压的扰动能量作用原理等方面进行整体性研究。作者基于以上分析对扰动加载型冲击地压发生的全过程进行研究，在此基础上建立了此类冲击地压的针对性预测方法，同时提出了相应的防冲思想和措施，形成了从机理到预测再到防治的完整性研究体系。

1.4　冲击地压预测技术研究现状

传统的冲击地压预测、监测、检测方法主要有综合指数法、数值计算法、经验类比法、多因素耦合法、微震法、声发射法、电磁辐射法、钻屑法等。这些方法在煤矿生产实践中被广泛应用，并取得了较好的应用效果。

近年来，专家学者不断对冲击地压预测预报进行研究，获得很多科学性更高、更精准的研究成果。张宏伟等将地质动力区划方法引入中国，开发了岩体应力状态分析系统，并将矿井断裂构造划分结果、矿井实际岩性条件等输入系统，计算得出矿井岩体应力状态；后来又进一步发展了该方法，提出了矿井冲击地压的多因素模式识别方法，实现了对整个矿井煤层冲击危险性分级预测。窦林名等提出了煤矿冲击矿压的"震动场—应力场"监测联合预警技术，基于微震响应规律，建立了多信息归一化冲击预警力学模型，结合矿山弹性波 CT 成像技术反演的应力场，最终创建采场冲击矿压时间与空间、定期与短临共存分级预警技术。潘一山等提出了冲击地压预测的电荷感应技术，通过对煤岩破裂过程中发出的电荷信号反演煤岩体应力特征，进而判别其冲击危险性，为冲击地压的非接触预测提供了一种可行的技术支持。夏永学等提出了冲击地压预测预报的微震指标法，提出了敏感性强、物理意义明确的 5 个微震监测指标，据此预测冲击地压的危险性，并采用 R 评分法对这 5 个指标的预测性能进行了评价。姜福兴等将应力增量作为指标评价了冲击地压的危险性，在南屯煤矿 9303 孤岛工作面进行卸压预处理的情况下，采用钻孔应力增量，钻屑量作为冲击预判指标精准评判了冲击危险性，使南屯煤矿在 2.6 级矿震发生时实现了有震无灾。李铁等采用自主研发的 MapRAS 软件预测冲击地压时，发现采场顶底板损伤是冲击地压成核的主要因素，认为顶底板微裂纹迅速扩展是发生冲击地压的根本原因，该技术在华亭煤矿得到了良好的应用。

如今，智能算法蓬勃发展，一些学者也将计算机智能算法应用到冲击地压预测预报领域。史秀志等针对冲击地压影响因素模糊、非线性等特点，采用广义回归神经网络，同时引入混沌因子，考虑冲击地压发生的 10 个影响因素，提出了矿井冲击地压预测的 CFOA-GRNN 方法。陈学华等对冲击地压预测进行了大量研究，其中基于 KPCA 和 LSSVM 原理建立了工作面动力环境安全评价模型，相比之下 KPCA 方法可以有效地剔除影响工作面动力环境评价的冗余信息，优化了预测模型。朱峰等采用"AHP+熵权法"改进了冲击地压影响参数权重的确定方法，构建了 CW-TOPSIS 冲击地压危险性评判模型，利用此方法对抚顺老虎台矿 83003 工作面进行了实例预测。

综上所述，以上方法运用多种理论和手段预测了冲击地压，但基本上都是通用的冲击地压预测预报方法，作者专门针对扰动加载型冲击地压提出了相应的基于煤岩体静态结构与扰动强度的冲击地压分级预测方法，以期从煤岩体静态结构稳定性和扰动强度 2 方面综合评价冲击地压的危险程度。

1.5 冲击地压防治技术研究现状

通常情况下冲击地压防治措施包括战略性区域性防治措施和战术性局部性解危措施 2 类。区域性防治包括合理的开采开拓布局、开采保护层、煤层及顶底板预注水等，这类防治措施旨在消除产生冲击地压的条件，从根本上杜绝冲击危险。局部解危措施包括卸载钻孔、深浅孔爆破、切顶断底、局部注水等，这类防治措施是针对已经形成冲击地压危险的区域进行解危处理，消除或降低冲击地压危险。

近些年，面对一些特殊条件下的冲击地压案例，防冲专家通过具体问题具体分析的办法，综合研究并提出了一系列冲击地压防治的新理念、新技术，从而确保更好地优化防冲和针对防冲。姜福兴等以义马矿区某矿重特大冲击地压案例为背景，研究了特厚砾岩与逆冲断层共同控制下冲击致灾机理，提出了此类冲击地压的针对性防治技术，即采用半煤岩巷道缩减岩移线范围，同时结合大直径钻孔卸压改变煤岩滑移方向，实践表明防治效果显著。潘立友等针对孤岛工作面冲击事故频发的问题，提出了缺陷法防冲技术，即通过对孤岛面高应力区人为布控缺陷地质体，从而达到应力转移和能量缓慢释放的防冲目的。蓝航在分析了近直立特厚煤层同采冲击地压发生原因的同时，认为双侧岩柱对煤体形成"撬杆效应"，据此提出了工作面超前区域预先实施爆破卸压和高压注水措施降低应力集中程度的防治方法，试验结果表明其效果显著。窦林名等针对临空巷道冲击地压危险增大的特点，基于动静载原理分析了临空巷道冲击失稳的2种模式，提出了临空巷道外错避开应力集中的布置措施，并在跃进煤矿得到了成功应用。齐庆新等基于原岩应力、构造应力、采动应力的诱冲机制和现场实践，提出了以应力控制为中心，单位应力梯度为表征的冲击地压控制理论，制定了顶板预裂爆破和开切眼贯通的动态应力控制方案，进行了现场实践应用。欧阳振华提出了复杂地质条件下煤层开采多级爆破卸压防冲技术，具体方案为：在煤层及其顶底板先后实施卸压爆破，实现多级控制，可以更好地达到防冲的目的。李松营等针对义马煤田"两硬一软"的结构特点，认为义马煤田容易发生冲击的类型为"重力—构造"型，提出了"两强一弱"支护结构可有效治理该类型冲击地压，可采取的措施有煤层注水、卸压爆破和伪斜布置工作面。赵善坤等提出了超前深孔爆破防治冲击地压的技术措施及方案，认为三孔扇形炮眼布置可使工作面巷道应力明显降低，该方案在跃进煤矿25110工作面得到了良好的应用，效果显著。

此外，一些专家学者还针对矿井深浅部、沿空巷道、煤层群开采和特定位置等条件下的冲击地压防治问题提出了一系列解危措施。蓝航研究了神新矿区浅埋深工作面的针对性防冲措施，认为目前神新矿区冲击地压的发生主要有4种类型，分别为硬岩破断诱冲、巷道应力叠加诱冲、45°倾角煤层悬顶诱冲、87°直立岩柱撬动诱冲，从开采方案布置、监测、危险评估、解危方法4个方面提出了相应防冲对策。杨光宇等在确定大采深厚表土层孤岛面冲击危险区域及程度的基础上，提出了应力在线实时监测预报配合钻屑法检测的冲击地压防治措施，有效地控制了冲击地压。刘金海等提出了强制排粉防治冲击地压的技术措施，对强制排粉技术措施方案及参数进行了优化，认为采用强制排除煤粉措施可起到"降模增变"和"耗能增阻"的防冲作用，该技术成果在新巨龙煤矿 1302 工作面进行了现场应用，结果表明其防冲效果优于其他防冲措施。于正兴等以古城煤矿深井、强冲击倾向性煤层为研究对象，构建了主动强支护和主动强监测协同配合的冲击地压主动防治体系。苏承东等针对平煤十二矿深部强冲击显现问题，采用拱顶浅孔爆破卸压方法及短段锚杆和锚网喷索联合支护巷道的方法进行了防冲实践，效果显著。

以上研究综合表明，专家学者针对多种特定条件下冲击地压显现的问题给出了解决办法和防治方案，效果良好。但缺乏外部震动扰动触发高应力区发生的冲击地压针对性防治方法，作者将针对震动扰动触发的冲击地压专门提出了一种防治技术措施，以期从根本上降低或解除扰动加载型冲击地压危险。

2 扰动加载型冲击地压孕育条件与失稳过程

2.1 扰动加载的界定及特征

2.1.1 震动波传播与介质应变率的关系

工作面开采过程中不可避免地诱发不同程度的震动扰动，具体表现为开采工作面顶板断裂或垮落、断层滑移错动、采掘工作面落煤、煤炮、天然地震、工程爆破震动，以及矿山机械震动等。这些震动扰动产生的震动波传播时会引发煤岩介质应变率发生变化，当煤岩介质应变率超过一定程度时构成其扰动加载状态，下面从震动波传播的角度分析其与煤岩介质应变率的关系。

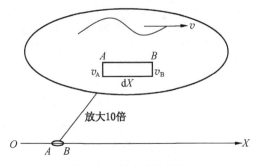

图 2-1 震动波传播图

如图 2-1 所示，假设震动波以速度 v 由震源 O 向 X 传播，截取微元 $\mathrm{d}X$ 分析，$\mathrm{d}X$ 两端 A、B 质点峰值震动速度为 v_A、v_B，震动波由点 A 传播至点 B 的时间为 t，那么引起的附加应变平均变化率为

$$\bar{\varepsilon} = \frac{\left(v_B \mathrm{d}t + \dfrac{1}{2}v'_B \mathrm{d}t^2\right) - \left(v_A \mathrm{d}t + \dfrac{1}{2}v'_A \mathrm{d}t^2\right)}{\mathrm{d}X \mathrm{d}t} = \frac{(v_A - v_B) + \dfrac{1}{2}(v'_B - v'_A)\,\mathrm{d}t}{\mathrm{d}X}$$

$$(2-1)$$

当 $dt \to 0$ 时，微元 dX 的应变率为

$$\varepsilon' = \frac{v_B - v_A}{dX} \qquad (2\text{-}2)$$

因此，震动波传播速度的空间变化率为微元 dt（质点）的应变率。

由弹性波理论可知，正弦波为弹性波的基本组成形式。假设 v_0 为震动波传播中质点的最大震动速度，f 为震动波频率，则正弦震动波在 t 时刻的质点震动速度 $v(X, t)$ 可表达为

$$v(X, t) = v_0 \sin\left[2\pi f\left(t - \frac{X}{v}\right)\right] \qquad (2\text{-}3)$$

联立式（2-2）和式（2-3），应变率函数和最大应变率为

$$\varepsilon'(X, t) = \frac{\partial[v(X, t)]}{\partial X} = -\frac{2\pi f v_0}{v}\cos\left[2\pi f\left(t - \frac{X}{v}\right)\right] \qquad (2\text{-}4)$$

$$\varepsilon'_{max} = \frac{2\pi f v_0}{v} \qquad (2\text{-}5)$$

由以上分析可以看出，震动波在传播中引起的煤岩介质应变率与震动波波速成反比，与震动波主频率、煤岩介质的质点震动峰值速度成正比。在煤矿工作面实际开采中，震动波的传播速度可以认为是一个定常值，所以煤岩体质点峰值震动速度和震动波主频率是决定煤岩介质应变率的主要指标。

2.1.2 扰动加载的应变率界定及特征

1. 扰动加载的应变率界定

不同工程中对扰动加载的界定不同，但可以确定的是应变率可作为加载状态的界定指标。下面从应变率角度阐述煤矿中对扰动加载的界定及其特征。何江对不同能级震动引发的加载应变率进行统计，见表2-1。由表2-1可以看出，围岩震动形成的扰动加载应变率一般为 $10^{-4} \sim 10^2/\mathrm{s}$，属于处于中等应变率中的动态或准动态加载状态。

表2-1 围岩震动引发的扰动加载应变率

序号	1	2	3	4	5
震动能量/$\times10^3$ J	22.6	27.1	50.4	104	3970
最大峰值速度/$(\mathrm{m \cdot s^{-1}})$	0.79~3.44	0.44~3.50	0.50~3.25	1.23~3.65	8.45~12.27
频率/Hz	2~18	1~15	2.5~15	0.5~12	0.4~5
应变率/$\times10^{-2}$ $\mathrm{s^{-1}}$	0.4~16	0.11~13	0.32~12	0.16~11	0.86~16

应变率作为加载状态的衡量指标目前还没有明确的、统一的划分标准。按照传统的载荷状态划分方法，工作面开采伴随诱发的扰动载荷基本处于中等或中低应变率范畴，属于静力范畴，但这样的划分结果没有考虑煤矿开采特殊的作业环境和条件，因此存在很大的局限性。因此，何江重新定义了在煤矿扰动加载的应变率范畴，认为当应变率大于 $10^{-3}/s$ 时属于扰动加载，具体结果见表 2-2。

表 2-2　煤矿载荷的应变率界定标准

载荷状态	静载	准扰动加载	扰动加载
应变率/s^{-1}	$<10^{-5}$	$10^{-5} \sim 10^{-3}$	$>10^{-3}$
载荷变化率/($MPa \cdot s^{-1}$)	<0.1	$0.1 \sim 10$	>10

2. 扰动加载的特征

通过以上分析及相关总结，认为围岩震动扰动形成的扰动加载主要有以下 6 项特征。

（1）衰减性。扰动加载的衰减性是因为震动波质点峰值的震动速度是快速衰减的，而震动能量与震动波质点峰值的震动速度成正比，所以扰动加载的强度快速衰减。

（2）波动性。扰动加载载荷的强度具有波动性是因为震动波传播发生波动变化，而扰动加载状态与震动波波动状态具有对应关系。

（3）随机性。震动波在传播方向上具有一定的随机性，震动发生时，震动波由震源向四周传播，没有确定的传播方向，故震动对煤岩形成的扰动加载具有随机性。

（4）瞬态性。震动波产生过程可近似看作一个瞬态的过程，一般为几百毫秒到几秒，通常震动释放能量越高，持续时间越长，但宏观上来看，仍可看作瞬态的，所以由震动产生的扰动加载也具有瞬态性。

（5）集中性。震动的发生往往具有一定的集中性，即在某一时间段内或某一区域内，由于局部高应力、开采速度过大、地质构造等因素的影响，震动发生比较集中，也容易使煤岩形成扰动加载状态。

（6）低应变率性。煤岩受扰动加载形成的介质应变率一般为 $10^{-3} \sim 10^{-1}/s$，属于动态载荷的低应变率范畴。

2.1.3　扰动加载的类型及力学分析

1. 扰动加载的类型

工作面开采过程中，由围岩震动扰动形成的扰动加载可分为三类：①波动扰动加载，是指由于震动波传播产生的扰动加载；②受迫扰动加载，工作面采掘中的顶板硬岩破断、断层活化形成的加载称为受迫扰动加载；③冲击扰动加载，人工爆破等释放的瞬间高压形成的加载称为冲击扰动加载。

2. 扰动加载的力学分析

（1）波动扰动加载。Brady B. H. G. 等推导了 P、S 波在传播介质中产生的载荷为：

$$\begin{cases} \sigma_{dP} = \rho C_P v_{PP} \\ \sigma_{dS} = \rho C_S v_{PS} \end{cases} \tag{2-6}$$

式中　σ_{dP}——P 波产生的动载荷，Pa；

σ_{dS}——S 波产生的动载荷，Pa；

ρ——传播介质的密度，kg/m³；

C_P——P 波波速，m/s；

C_S——S 波波速，m/s；

v_{PP}——P 波质点峰值震动速度，m/s；

v_{PS}——S 波质点峰值震动速度，m/s。

（2）受迫扰动加载。何江等建立了顶板断裂受力模型，如图 2-2 所示。图 2-2 中 L_1 为采空区支护宽度，L_2 为顶板断裂面距工作面煤壁的距离，L_3 为悬顶长度，b 为煤壁后方未支护宽度，L 为顶板岩层断裂总长度，h_1 为顶板厚度，p 为覆岩载荷，$f(L_1)$、$f(L_2)$ 为支护结构和煤体应力分布函数，$\Delta\sigma$ 为支护结构和煤体应力增量平均值；推导出顶板断裂后的力学平衡方程组见式（2-7）。

$$\begin{cases} \int_0^{L_1} [f(L_1) + \Delta\sigma]dl + \int_0^{L_2} [f(L_2) + \Delta\sigma]dl + \rho_1 L - pL = 0 \\ \int_0^{L_1} [f(L_1) + \Delta\sigma]dl_1\left(\dfrac{L_1}{2} + b + L_2\right) + \int_0^{L_2} [f(L_2) + \Delta\sigma]dl_2(L_2 - l_2)dl_2 - \\ \qquad \rho_1 gh_1 \dfrac{L^2}{2} - p\dfrac{L^2}{2} = 0 \end{cases} \tag{2-7}$$

式中　ρ_1——顶板岩层密度；

$\Delta\sigma$——支护结构和煤体应力增量平均值。

据此推导出受迫扰动加载的载荷值，见式（2-8）。

$$\sigma_d = \frac{K_d \sum CT_i h_i^2}{3(L_1^2 + L_2^2) + 6(bL_1 + L_1 L_2)}[\sigma_T]_i + \frac{K_d \sum C_{Ti} h_i}{L_1 + L_2}[\tau]_i \tag{2-8}$$

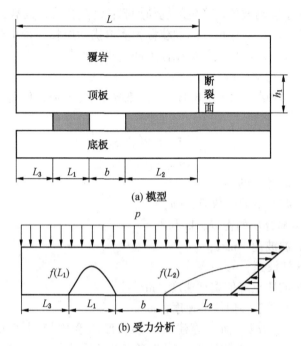

(a) 模型

(b) 受力分析

图 2-2　顶板断裂模型及受力分析

（3）冲击扰动加载。冲击扰动加载是指人工爆破等产生的冲击波所形成的扰动加载状态。当采用耦合装药时，爆炸冲击波向周围煤岩传播，在任一位置形成的径向、切向扰动载荷见式（2-9）。

$$\begin{cases} \sigma_{\mathrm{r}} = p\bar{r}^{-a} \\ \sigma_{\theta} = -b\sigma_{\mathrm{r}} \\ \bar{r} = \dfrac{r}{r_{\mathrm{b}}} \end{cases} \tag{2-9}$$

式中　σ_{r}——径向应力，MPa；

　　　σ_{θ}——切向应力，MPa；

　　　$\bar{r}$——距离比；

　　　r——爆炸点到应力计算点的距离，m；

　　　r_{b}——爆炸半径，m；

　　　a——矿震波衰减指数；

　　　b——侧压系数。

2.2 扰动加载型冲击地压孕育的自然条件

2.2.1 扰动加载形成的关键岩层条件

关键岩层是控制煤岩体扰动加载形成的一个重要影响因素，通常情况下，关键岩层是煤层上方裂隙带附近的一层或一组坚硬岩层，厚度通常较大。下面以东滩煤矿 $63_上 05$ 工作面为例，分析顶板坚硬岩层分布规律及其对煤岩体扰动加载形成的影响。

$63_上 05$ 工作面直接顶为粉砂岩，厚 $2.5 \sim 4.1$ m，$f=4 \sim 5$；基本顶为中粒砂岩，厚 $11.5 \sim 16.8$ m，$f=6 \sim 7$。对 $63_上 05$ 工作面内 6D1 号、170 号、补 35 号 3 个钻孔的柱状图进行分析，如图 2-3 所示，其中，6D1 号钻孔位于运输巷侧距开切眼 108 m 处，170 号钻孔位于轨道巷侧距开切眼 680 m 处，补 35 号钻孔位于运输巷侧距开切眼 1020 m 处。总体来看，在 $3_上$ 煤层上方平均 13.01 m 厚的中粒砂岩基本顶将会使工作面出现明显的来压过程。它是影响工作面上覆岩层活动，导致工作面强烈矿压显现的关键岩层，也是迫使煤岩体形成扰动加载的关键岩层。由图 2-3 可看出：6D1 号钻孔上方 19.72 m 赋存有厚度为 7.9 m 的中粒砂岩，工作面中部补 35 号钻孔上方 13.88 m 赋存有厚度为 14.15 m 的粉砂岩，其上方另有一层厚度为 17.98 m 的中粒砂岩，这是控制 $63_上 05$ 工作面矿压显现的次关键岩层。由图 2-3 还可看出，工作面直接顶底板皆为较坚硬岩层，容易形成夹持煤体的条件，也容易使煤岩体形成扰动加载状态。

东滩煤矿大能量震动和冲击地压显现强烈的区域，煤层上方都有几层至十几层硬且厚的红色砂岩，其中包括粉砂岩、细砂岩、中粒砂岩等，当地将这组岩层统称为"红层"。"红层"覆岩结构的整体抗压强度可以达到 70 MPa，厚度由井田西南向东北逐渐变厚，总体厚度达到几十米到几百米不等。经近几年微震监测系统数据显示情况来看，兖州矿区赋存此地层分布的鲍店煤矿十采区和南屯煤矿九采区安排采掘活动时，大能量震动也会频繁发生，而东滩煤矿六采区处于鲍店煤矿十采区和南屯煤矿九采区附近，工作面回采期间采空区的"红层"顶板垮落，容易引发大能量震动事件，进而使煤岩体形成扰动加载状态。经层位对比分析，此区域煤层的埋藏标高为 $-670 \sim -640$ m，$63_上 04$ 工作面回采期间监测到的 8 次 2.0 级以上矿震的发生层位在 $-540 \sim -500$ m 之间，即震源处于 $3_上$ 煤层上方 90 ~ 150 m。因此认为此层位岩层破断垮落容易使工作面附近煤岩体形成扰动加载状态。

对东滩煤矿 $63_上 04$ 工作面进行分析发现，在 $3_上$ 煤层上方赋存有巨厚的"红

岩石名称	柱状	厚度/m
泥岩		4.65
砂质泥岩		4.10
中粒砂岩		7.90
粉砂岩		4.10
2煤层		1.40
粉砂岩		3.15
中粒砂岩		6.40
粉砂岩		4.10
3上煤层		5.45
粉砂岩		4.55
细砂岩		2.30
3下煤层		3.55
粉砂岩		0.80
细砂岩		1.05
粉砂岩		0.95
细砂岩		1.10
粉砂岩		0.70
细砂岩		2.25
砂质泥岩		9.50
泥岩		12.65
砂质泥岩		9.50

(a) 6D1号钻孔

岩石名称	柱状	厚度/m
中粒砂岩		7.45
粉砂岩		3.08
长石石英中粒砂岩		31.97
粉砂岩		2.41
粉砂岩		5.73
3上煤层		5.39
粉砂岩		0.61
细砂岩		6.79
粉砂岩		4.41
3下煤层		3.66
粉细砂岩互层		5.72
细砂岩		9.46
粉砂岩		4.36

(b) 170号钻孔

岩石名称	柱状	厚度/m
中粒砂岩		17.98
粉砂岩		4.45
中粒砂岩		14.15
黏土岩		0.80
2煤层		0.20
粉砂岩		12.88
3上煤层		5.12
细砂岩		6.79
粉砂岩		4.19
3下煤层		3.14
粉砂岩		2.30
细砂岩		1.50
粉砂岩		6.28
泥岩		17.46

(c) 补35号钻孔

图 2-3 63上05 工作面柱状图

层"，"红层"距 3上 煤层的间距不等，工作面开切眼附近运输巷侧煤层距"红层"44.13 m,轨道巷侧煤层距"红层"60.21 m。随着工作面向前推进,煤层距"红层"的距离不断增大,在工作面回采至约 1050 m 时,煤层距离"红层"的距离最大,约为 98.45 m,之后距离逐渐减小,如图 2-4 所示。由"红层"与煤层距离关系看出,"红层"破断容易形成扰动加载状态,其对工作面影响会随推进距离的增大而减小。

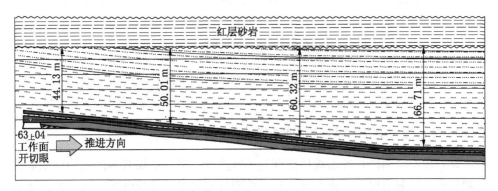

图 2-4　63上04 工作面位置与"红层"的距离关系

2.2.2　扰动加载形成的断层构造条件

断层附近围岩系统的稳定性与许多因素有关,在一定条件下,断层会发生错动而诱发强烈震动,断层附近煤岩体形成扰动加载状态。采掘活动是煤岩体扰动加载形成的诱导因素,正是因为采掘活动,才使静止的断层得以"活化"。断层的"活化"过程是循序渐进、连续的,不易观察到的过程,称为"断层蠕动"效应。断层的"蠕动效应"是由于两盘相对微小的错动而形成的,两盘之间形成逐渐聚积增多的剪切应力,煤岩体的扭转变形则储存了大量的弹性应变能。当聚积的剪切应力超过煤岩体的破裂极限强度时,由于岩石的脆性、弹性特征,使岩石发生破裂回弹,当回弹到新位置时,必然压缩应力前进方向上的岩石,而拉伸反方向上的岩石,从而压缩、拉伸产生的应力波就会以其为中心四处扩散。同时岩石在破裂、回弹过程中造成在应力方向上弹簧般的震动,不断发生应力集中与释放,对断层附近煤岩体形成扰动加载,断层蠕动、扭转变形与破裂回弹示意如图 2-5 所示。

断层受采动影响时应力增加,加上断层本身的强度较低且裂隙发育,故断层附近的承受应力将首先超过其强度极限而进入塑性软化阶段,此时断层附近煤岩体裂隙扩展,破碎更为严重,将引起断层的扩容膨胀和变形硬化。正是这种硬化

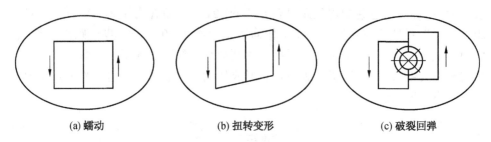

(a) 蠕动　　　　　　　(b) 扭转变形　　　　　　(c) 破裂回弹

图 2-5　断层蠕动、扭转变形与破裂回弹示意图

效应，使得断层应力集中程度加剧，黏结力丧失，最终导致宏观上断层上下盘发生不稳定摩擦滑动，强震因此发生，对断层附近的煤岩体造成扰动加载。

2.2.3　冲击地压孕育的煤岩冲击倾向性条件

煤岩冲击倾向性是冲击地压孕育的关键因素，特别是煤岩体的弹性能积累能力和强度。一般情况下，岩石坚硬且弹性模量较大时，其弹性能指数、冲击能指数较高，容易孕育冲击地压。东滩煤矿在多年的开采过程中大能量震动事件频发，矿震容易迫使采掘工作面形成扰动加载。因此，以东滩煤矿 3 煤层为例，测量并分析其冲击倾向性，揭示冲击地压孕育过程中的冲击倾向性条件。采集东滩煤矿 3 煤层及其顶板煤岩样，按标准加工制成试件，对其基本物理力学参数和冲击倾向性进行测定。3 煤层及其顶板的力学性质测定结果见表 2-3、表 2-4，3 煤层冲击倾向性鉴定结果见表 2-5。

表 2-3　3 煤层及其顶板的力学性质测定结果

试件编号	单轴抗压强度/MPa	单轴抗拉强度/MPa	抗剪强度/MPa			弹性模量/MPa	泊松比	内摩擦角/(°)	内聚力/MPa
			61°/(正/剪)	53°/(正/剪)	45°/(正/剪)				
1	24.17	4.36	5.02/9.06	4.47/5.93	8.05/10.12	3394	0.25	31.4	6.18
2	25.24	1.60	6.63/12.01	2.68/3.55	6.32/8.36	3020	0.38	32.6	5.11
3	13.91	0.55	3.61/6.50	9.04/12.07	10.25/15.41	2873	0.30	31.7	6.32
4	15.31	0.79	5.78/16.43	5.41/7.18	8.09/10.28	4451	0.26	30.9	6.67
5	20.41	1.50	7.41/13.37	3.86/5.12	6.50/9.31	5113	0.29	33.4	5.56
6	18.53	1.99	4.42/7.95	4.54/6.03	7.64/11.72	2952	0.40	31.8	5.48
平均值	19.60	1.80	5.48/10.89	5.00/6.65	7.81/10.87	3634	0.31	32.0	5.89

注：61°、53°、45°代表剪切角角度；正/剪代表正应力/剪应力。

表2-4 3煤层顶板力学性质测定结果

试件编号	距煤层的距离/m	单轴抗压强度/MPa	弹性模量/MPa	泊松比	内聚力/MPa	内摩擦角/(°)
1	-3	111.32	35.05	0.27	11.97	41
2	-3	55.07	26.36	0.15	16.72	44
3	-5	80.50	23.71	0.18	11.24	46
平均值	-3.67	82.30	28.37	0.20	13.31	43.67
4	2	138.36	26.84	0.31	47.01	32
5	3	113.21	31.52	0.24	28.56	31
6	3	129.24	28.48	0.25	33.42	28
平均值	2.67	126.94	28.95	0.27	36.33	30.3
7	10	105.78	30.71	0.31	26.56	43
8	12	113.21	30.89	0.25	25.12	41
9	13	102.52	31.60	0.27	20.47	40
平均值	11.67	107.17	31.07	0.28	24.05	41.33
10	16	53.50	8.73	0.37	13.65	39
11	16	54.72	10.70	0.45	11.72	39
12	18	50.31	6.22	0.41	13.54	37
平均值	17	52.84	8.55	0.41	12.97	38.33
13	29	61.89	12.42	0.38	24.68	37
14	29	113.71	24.88	0.30	20.41	35
15	29	109.43	24.04	0.24	28.77	32
平均值	29	95.01	20.45	0.31	24.62	34.67

表2-5 3煤层冲击倾向性鉴定结果

试件编号	动态破坏时间 DT/ms	冲击能量指数 K_d/kJ	弹性能量指数/MPa	单轴抗压强度/MPa
1	81	3.35	12.70	24.17
2	140	2.27	6.70	20.48
3	78	9.19	6.30	25.24
4	588	2.71	9.30	21.56
5	83	21.07	4.70	18.96
平均值	194	7.72	7.94	22.08

表2-5（续）

试件编号	动态破坏时间 DT/ms	冲击能量指数 K_d/kJ	弹性能量指数/MPa	单轴抗压强度/MPa
综合评判	弱冲击倾向			

东滩煤矿 3 煤层冲击倾向性鉴定结果为弱冲击倾向性，但生产实践中多次发生大能量震动事件，考虑到冲击地压的发生并非是单一的煤层失稳，所以有必要对煤岩组合试件进行测试，结果见表2-6，纯煤试件与组合试件参数对比结果见表2-7。

表2-6　组合试件参数测定结果

试件编号	动态破坏时间 DT/ms	冲击能量指数 K_d/kJ	单轴抗压强度/MPa	弹性模量/MPa
1	54	30.36	36.1	2920
2	20	2.79	58.5	5360
3	—	1.54	48.5	4720
4	—	8.75	43.0	3490
5	52	2.58	60.5	4810
6	67	3.01	58.0	3480
7	173	13.89	44.5	4320
8	53	1.54	105.0	8400
9	43	2.32	70.5	4900
10	56	3.65	80.0	6150
11	890	1.02	44.0	3710
12	54	1.30	78.0	4920
平均值	146.2	6.06	60.6	4765

表2-7　纯煤试件与组合试件参数平均值对比结果

项目	冲击能量指数 K_d/kJ	动态破坏时间 DT/ms
纯煤试件	3.92	194
组合试件	6.06	146.2
变化率	+35.3%	−32.7%

按照煤层冲击倾向性分类方法，组合试件属于弱冲击倾向。但动态破坏时间和冲击能量指数都较大。在动态破坏时间测定的 10 个值中，有 2 个值属于强冲

击倾向范畴，有 2 个值属于无冲击倾向范畴，其余平均值为 56 ms，接近强冲击倾向的临界值 50 ms。在冲击能量指数测定的 12 个值中，有 3 个大于 5 kJ，属于强冲击倾向范畴；有 2 个小于 1.5 kJ，属于无冲击倾向范畴；其余 6 个平均值为 2.3 kJ。组合试件与纯煤试件对比可知，无论是动态破坏时间还是冲击能量指数，组合试件都更倾向于强冲击倾向性，说明围岩系统整体的冲击倾向性更强。在进行组合试件参数测定时，基本都是煤的部分发生破坏。在实际测量中，煤的强度较低，而顶底板都具有较高的强度，这也是加剧煤体冲击倾向性的原因。

2.2.4 冲击地压孕育的地应力条件

地应力的大小及方向对冲击地压的孕育和发生都具有较大影响。通常情况下，地应力较大时，冲击地压容易发生。另外，最大主应力的方向对冲击地压的发生影响较大，当最大主应力的方向与巷道垂直或近似垂直时，巷道容易形成高度应力集中；当最大主应力的方向与巷道平行或近似平行时，巷道应力集中程度较小，可据此设计工作面走向。下面以东滩煤矿六采区为例，分析地应力对冲击地压孕育的影响。东滩煤矿六采区未进行地应力测量，但是六采区附近采区及相邻矿井已经进行了多次地应力测量，选取距离六采区最近的 3 个位置测量地应力结果，据此回归分析六采区最大水平主应力和深度的关系。六采区邻近 3 个位置地应力测量结果见表 2-8，回归分析结果如图 2-6 所示，回归分析中判定系数 $R^2 = 0.9947$。

表 2-8　六采区附近地应力实测结果

测点位置	测点埋深/m	应力名称	应力值/MPa	俯角/(°)	方位角/(°)
南屯煤矿 9301 轨道巷	450	σ_1	17.95	1	97
		σ_2	11.8	82	192
		σ_3	6.9	8	6
		σ_V	11.7		
鲍店煤矿十采区泄水巷	496	σ_1	21.15	8	114
		σ_2	11.85	38	210
		σ_3	9.45	11	14
		σ_V	10.62		
东滩煤矿 14315 运输巷	556	σ_1	26.61	12	92
		σ_2	12.84	68	296
		σ_3	10.42	16	187
		σ_V	13.30		

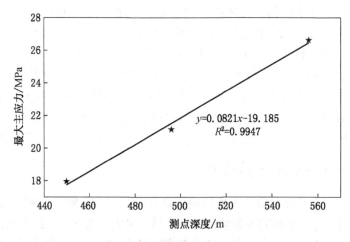

图 2-6　六采区最大主应力与采深的关系

　　根据回归直线得出：东滩煤矿六采区最大主应力方位角为 100°左右；以 $63_上$ 05 工作面为例，当采深达到 710 m 时，根据回归结果计算得出最大主应力值为 39.11 MPa，为垂直应力的 2.2 倍。$63_上$ 05 工作面两条巷道布置方位为 N79°，与最大主应力方向夹角为 21°，单从最大主应力方向来看，最大主应力对 $63_上$ 05 工作面巷道的影响不大；但由于最大主应力与工作面推进方向近似平行，工作面开采时，可能造成煤壁前方应力集中程度较高，从而使坚硬且巨厚的顶板更易形成较大范围的岩梁结构，当跨度达到一定尺寸后可能突然失稳，诱发大能量震动事件，使煤岩体形成扰动加载状态。

2.3　扰动加载触发巷道冲击失稳过程模拟分析

2.3.1　数值计算模型的建立

1. 模型参数和条件

　　采用 FLAC 3D 数值模拟软件建立回采巷道三维有限差分数值计算模型，如图 2-7 所示。模型尺寸（长×宽×高）为 50 m×50 m×50 m，巷道为矩形，宽度设置为 5 m，高度设置为 4 m，位于模型正中心，近水平煤层，煤层平均厚度为 6.05 m，模型的地层分布参照东滩煤矿 $43_上$ 13 工作面，建模时为简化模型，合并部分较薄煤岩层，图 2-8 为 $43_上$ 13 工作面内的 3 个钻孔柱状图。静力计算时，模型顶部施加 16 MPa 均布载荷，根据地应力测试结果，施加水平应力 s_{xx} 为 26.1 MPa，s_{yy} 为 7.6 MPa，四周和底部采用固定约束，摩尔-库仑屈服准则；动力计算时,解除原边界场,施加自由边界场,目的是避免震动波的反射、折射误差。表 2-9 为模型中各岩层参数。

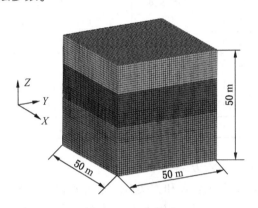

图 2-7　三维模型

岩石名称	柱状	厚度/m
粉砂岩		1.80
泥岩		0.55
细粒砂岩		1.45
砂质泥岩		1.83
中粒砂岩		14.98
砂质泥岩		5.44
粉砂岩		2.45
砂质泥岩		1.12
3上煤层		5.97 (0.15)
砂质泥岩		3.72
泥岩		0.60
3下1煤层		1.29
3下2煤层		0.69
黏土岩		1.10
粉砂岩		0.50
砂质泥岩		1.73
3下2煤层		1.78

(a) 6-2号钻孔

岩石名称	柱状	厚度/m
泥质粉砂岩		3.25
细粒砂岩		8.27
泥岩		2.56
粉砂岩		6.86
细粒砂岩		2.93
泥岩		1.04
粉砂岩		2.17
泥岩		1.50
3上A煤层		0.85
3上煤层		5.27
粉砂岩		5.87
3下1煤层		2.51
3下2煤层		2.22
粉砂岩		2.06

(b) J9-3号钻孔

岩石名称	柱状	厚度/m
中粒砂岩		13.92
粉砂岩		9.04
3上A煤层		1.89
黏土岩		0.70
3上煤层		5.37
粉砂岩		0.40
细粉砂岩互层		7.34
粉砂岩		0.30
3下1煤层		1.35
黏土岩		1.20
3下2煤层		2.59
黏土岩		0.90

(c) 补2号钻孔

图 2-8　43上13工作面钻孔柱状图

表2-9 煤岩物理力学性质

岩性	厚度/m	密度/(kg·m⁻³)	弹性模量/GPa	泊松比	抗拉强度/MPa	黏聚力/MPa	内摩擦角/(°)
中粒砂岩	13	2580	12.97	0.25	11.32	16.81	42.25
砂质泥岩	9	2430	7.86	0.31	7.29	13.64	35.12
煤	6	1430	2.21	0.20	1.12	1.96	32.48
细粉砂岩	7	2610	9.06	0.23	6.58	14.69	38.44
粉砂岩	15	2630	11.47	0.26	7.74	13.72	41.17

2. 震动扰动施加与监测方案

震动波施加方案包括方案 A 和方案 B，方案 A 包括方案 A_1 和方案 A_2，方案 B 包括方案 B_1 和方案 B_2，A 和 B 代表不同的震动位置，1 和 2 代表不同的震动波，震动扰动 A 和震动扰动 B 分别发生在巷道中央的正上方和正下方，分别距离模型的顶部和底部 5 m。根据现场微震监测结果，震动波 1 为 2.84 级震动事件产生，震动波 2 为 2.05 级震动事件产生，如图 2-9 所示。图 2-10 为震动波加速度时程曲线，震动波 1 和震动波 2 作用的时间分别为 1.8 s 和 2 s。模拟计算中的各项指标监测位置分别距离巷道顶底板、两帮垂直距离为 1.5 m，分别监测动力计算过程中的应力、位移、位移速度和位移加速度。

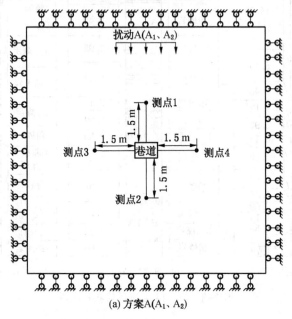

(a) 方案A(A_1、A_2)

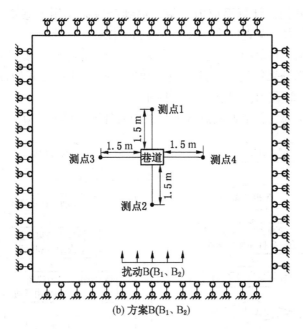

(b) 方案B(B₁、B₂)

图 2-9 动力计算过程中震动波施加与监测方案

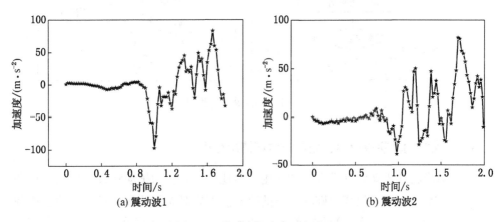

(a) 震动波1   (b) 震动波2

图 2-10 震动波加速度时程曲线

3. 计算流程

整个数值计算中，顺次按照以下 4 步进行计算，计算流程如图 2-11 所示。

（1）建立初始网格、赋参、设置静力载荷及边界条件，计算至初始应力平衡。

（2）巷道开挖，计算至应力平衡，得到静应力作用下巷道围岩垂直应力、水平应力、剪应力、垂直位移、水平位移和塑性破坏情况。

（3）定义动力计算模式，去除原有边界固定约束条件，设置动力阻尼。

（4）输入现场采集的动力计算质点加速度时程数据并开始计算，在保留中间运算结果的同时直到模型应力再次平衡。

（5）检查结果，提取监测点数据，模型后处理，模拟结束。

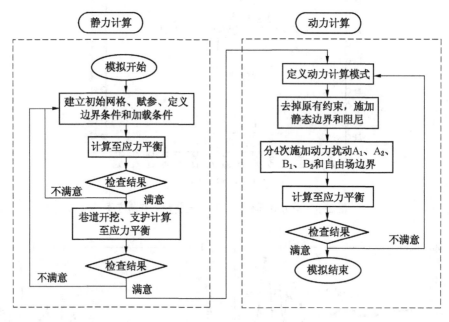

图 2-11　数值模拟流程图

2.3.2　无扰动时巷道应力、变形及破坏情况分析

为明确震动扰动对巷道围岩的作用，对比分析无震动扰动和震动扰动两种条件下巷道围岩应力、位移及破坏情况的差异。首先对无震动扰动条件下的巷道围岩情况进行分析，图 2-12 为数值模型初始应力平衡、巷道开挖和支护完毕后，无震动扰动施加时，巷道围岩的垂直应力、水平应力、剪应力、垂直位移、水平位移，以及塑性区分布情况。

由图 2-12 可以看出，巷道开挖后，其围岩的垂直应力、水平应力、剪应力、垂直位移、水平位移，以及塑性区分布情况基本符合常规规律，说明模型静力计算正确。巷道围岩最大垂直应力值达到 20 MPa，应力集中系数达到 1.3；由于该

区域 s_{xx} 方向水平应力较大，巷道开挖后，水平应力集中程度较高，s_{xx} 方向水平应力值达到 30 MPa，且最大水平应力值出现在巷道顶底板处，巷道两帮的水平应力集中不明显，说明顶底板发生冲击地压的可能性较大。从位移分布云图（图2-12d）可以看出，垂直方向最大位移在顶板处，约 10 cm，水平方向最大位移出现在巷道左帮，约 7 cm，由于计算中采取了巷道锚杆支护，并且在巷道四周设置了 shell 结构单元，可以很好地控制巷道变形，无震动扰动时，巷道变形不大。从塑性区分布云图（图2-12f）可以看出，在巷道周围发生破坏，但破坏区域不大，顶底板破坏较两帮破坏范围稍大。

综上所述，无震动扰动时，巷道基本可以保持稳定，其垂直应力和水平应力虽然发生一定程度的应力集中，但应力水平不能达到诱发冲击地压的应力水平，所以认为在无震动扰动时，巷道发生冲击地压的可能性不大。

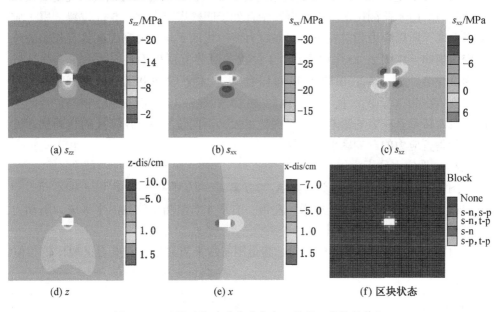

图 2-12　无震动扰动时巷道应力、位移、塑性区特征

2.3.3　扰动加载下巷道围岩应力分析

1. 垂直应力分析

图2-13至图2-16分别为不同扰动加载条件下的巷道顶板、底板、左帮、右帮的垂直应力随动力计算时步增加的演化过程图，图2-13至图2-16中监测质点分别对应监测方案中的测点1~测点4，模拟中每隔10个时步采集一次监测数据，

模拟计算 4000 步之前属于静力计算，当计算到 4000 步时施加震动扰动，然后进入动力计算过程，直到达到应力平衡（以下对水平应力、垂直位移、水平位移、垂直位移速度、水平位移速度的分析，与对垂直应力的分析相同）。

由图 2-13~图 2-16 可以看出，施加震动扰动后，监测点垂直应力发生强烈震荡，应力突升突降，但总体上呈现先升高再降低的趋势，最大垂直应力可以达到原始垂直应力的 2 倍左右，在经历 1000~3000 步动力计算后，垂直应力保持为一个稳定值。对比图 2-13~图 2-16 的分图（a）、（b）或分图（c）、（d）可以看出，震动波 1 对测点产生的垂直应力增量大于震动波 2，这也印证了现场微震监测的震动波 1 的震级大于震动波 2 的震级；对比图 2-13~图 2-16 的分图（a）、（c）或分图（b）、（d）可以看出，同一震动波在 B 位置时对顶板测点 1产生的应力增量大于 A 位置，说明相同震级的底板震动对巷道顶板的扰动比顶板震动强烈。由于监测位置垂直巷道四壁且处于四壁煤壁内侧 1.5 m 位置，属于应力降低区，所以应力相对较小，但在应力波的扰动下与应力升高区具有相同的应力变化规律。由图 2-13 可以看出，4 种扰动对巷道顶板垂直应力的影响强度依次为 B_1、B_2、A_1、A_2；由图 2-14 可以看出，4 种扰动对巷道底板垂直应力的影响强度依次为 A_1、A_2、B_1、B_2；由图 2-15 和图 2-16 可以看出，相同位置的扰动 1 对两帮垂直应力的影响强度比扰动 2 大，不同位置 A、B 释放的相同扰动波对两帮垂直应力的影响区别不明显。

2. 水平应力分析

图 2-17~图 2-20 分别为方案 A_1、方案 A_2、方案 B_1、方案 B_2 4 种不同震动波加载条件下的巷道顶板、底板、左帮、右帮 4 个监测点位置的水平应力随动力计算时步增加的演化过程图。

由图 2-17~图 2-20 可以看出，巷道围岩水平应力与垂直应力呈现比较相似

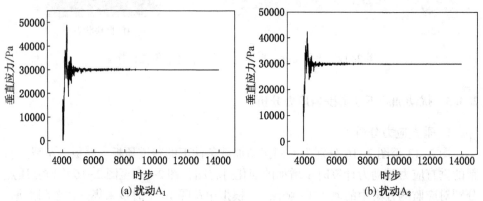

(a) 扰动 A_1 (b) 扰动 A_2

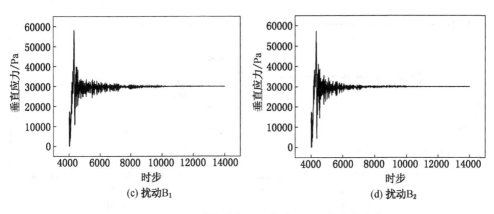

(c) 扰动B₁   (d) 扰动B₂

图 2-13   不同震动扰动作用下巷道顶板垂直应力演化

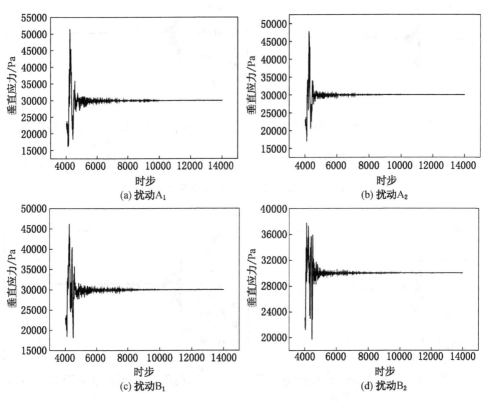

(a) 扰动A₁   (b) 扰动A₂

(c) 扰动B₁   (d) 扰动B₂

图 2-14   不同震动扰动作用下巷道底板垂直应力演化

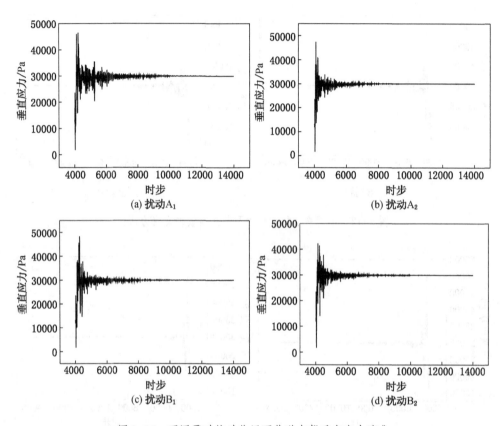

图 2-15　不同震动扰动作用下巷道左帮垂直应力演化

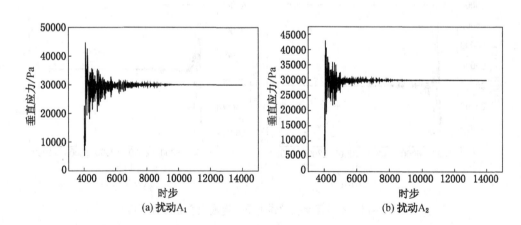

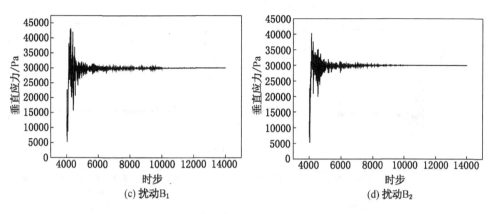

(c) 扰动B₁

(d) 扰动B₂

图 2-16 不同震动扰动作用下巷道右帮垂直应力演化

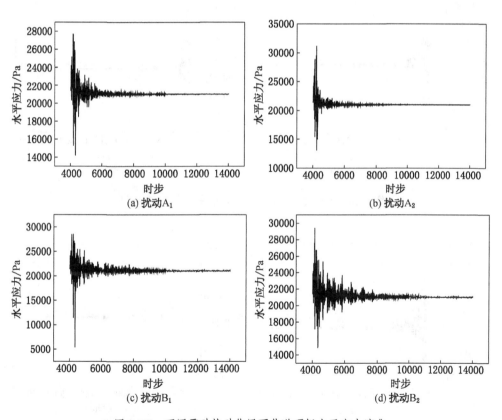

(a) 扰动A₁

(b) 扰动A₂

(c) 扰动B₁

(d) 扰动B₂

图 2-17 不同震动扰动作用下巷道顶板水平应力演化

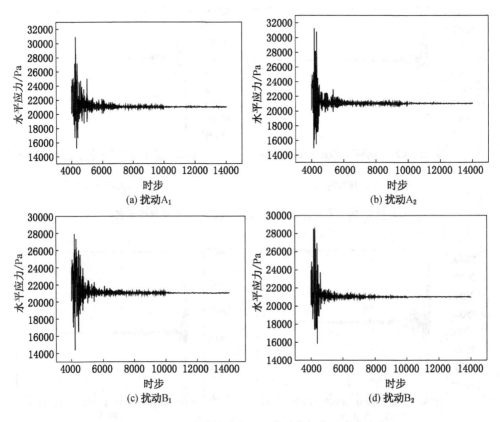

图 2-18　不同震动扰动作用下巷道底板水平应力演化

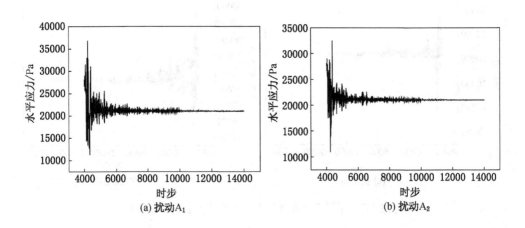

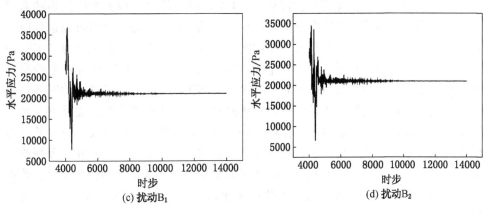

图 2-19 不同震动扰动作用下巷道左帮水平应力演化

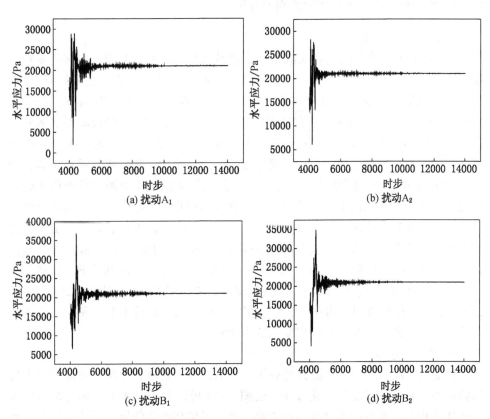

图 2-20 不同震动扰动作用下巷道右帮水平应力演化

的特征，模拟计算中施加震动波扰动后，4 个监测点的水平应力发生强烈的震荡变化，水平应力幅值表现出突增突降的现象，其中水平应力最大值可以达到原有水平应力的 1.5 倍左右，在经历 500～4000 步动力计算之后，水平应力基本保持为一个稳定的数值。但是，这个数值相对垂直应力的稳定结果具有一定的滞后性，说明动力计算中，垂直应力趋于稳定的时间比水平应力趋于稳定的时间要稍短。经过详细对比可知，当监测点位置相同时，对于巷道顶底板，震动波 2 产生的水平应力增量大于震动波 1 的作用结果；对于巷道两帮，震动波 1 产生的应力增量大于震动波 2 的作用结果；相同震动波影响时，位于巷道下方 B 位置释放的震动波对顶板和两帮产生的水平应力增量大于巷道上方 A 位置的作用结果，巷道下方 B 位置释放的扰动波对底板产生的水平应力增量小于巷道上方 A 位置的作用结果。

2.3.4 扰动加载条件下巷道围岩变形分析

1. 垂直位移分析

图 2-21 为 4 种不同扰动加载条件下巷道顶板、底板、左帮、右帮的垂直位移随动力计算时步增加的演化过程。巷道顶板垂直位移，如图 2-21a 所示，4 种震动扰动施加后，顶板垂直位移会迅速增大，负值代表方向垂直向下，经过约 3000 步动力计算后顶板垂直位移逐渐趋于一个稳定的数值，4 种扰动引起的巷道顶板垂直位移变化由大到小依次为扰动 B_1、扰动 B_2、扰动 A_1、扰动 A_2，说明巷道下方的震动很容易造成巷道顶板发生较大的位移变化；巷道底板垂直位移，如图 2-21b 所示，4 种扰动施加后，位移量经历先增大后减小再增大最终趋于稳定的过程，方向为垂直向上，与顶板垂直位移方向相反，4 种扰动引发的巷道底板垂直位移由大到小依次为扰动 A_1、扰动 A_2、扰动 B_1、扰动 B_2，说明巷道上方的震动容易造成巷道底板发生较大的位移变化，4 种扰动引起的顶底板最大垂直位移量分别为顶板 19.98 cm、19.76 cm、20.35 cm、20.17 cm 和底板 15.68 cm、15.79 cm、15.81 cm、15.92 cm；巷道左右两帮的垂直位移，如图 2-21c、图 2-21d 所示，总体来说两帮的垂直位移量相对较小，说明巷道正上方和正下方的震动扰动对巷道左右两帮垂直位移变化的影响较小。

2. 水平位移分析

图 2-22 为 4 种不同扰动加载条件下巷道顶板、底板、左帮、右帮的水平位移随动力计算时步增加的演化过程。由图 2-22 可以看出，水平位移与垂直位移变化比较相似，巷道受震动扰动的影响，其水平位移也会经历一段位移量急速增大的过程。巷道左右两帮的水平位移变化明显而顶底板的水平位移变化量很小，

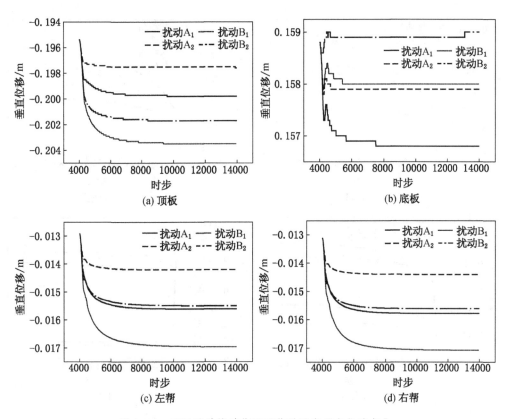

图 2-21　不同震动扰动作用下巷道围岩垂直位移变化

说明震动对巷道围岩水平位移的影响主要集中在左右两帮，巷道左帮与右帮的水平位移方向相反。4 种扰动引起的两帮水平位移变化从大到小依次为扰动 B_1、扰动 B_2、扰动 A_1、扰动 A_2，说明巷道底板的震动引起的两帮水平位移变化较顶板震动的作用结果强烈，4 种震动扰动引起的两帮最大水平位移量分别为左帮 12.02 cm、11.95 cm、12.29 cm、12.23 cm 和右帮 11.86 cm、11.83 cm、12.17 cm、11.11 cm。经过约 3000 的动力计算之后，巷道围岩的水平位移逐渐趋于一个稳定的数值，但此时动力计算时步相较于垂直位移区域稳定的动力计算时步略有减少，说明巷道正上方和正下方的震动扰动引起的水平位移可能先于垂直位移趋于稳定。

3. **垂直位移速度分析**

图 2-23 为不同震动波影响条件下巷道顶板、底板、左帮、右帮的垂直位移速度随动力计算时步增加的变化过程。由图 2-23 可以看出，顶底板和两帮在震

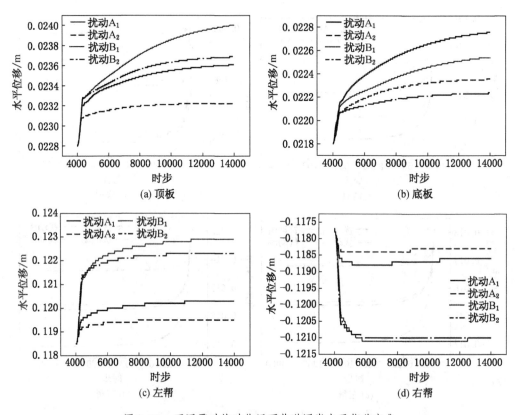

图 2-22　不同震动扰动作用下巷道围岩水平位移变化

动扰动作用下的垂直位移速度总是先急速震荡增加，然后急速震荡降低，最终垂直位移速度逐渐趋于 0 的。对比图 2-23 各分图可知，顶板的垂直位移速度变化较底板和两帮的垂直位移速度变化剧烈，顶板的最大垂直位移速度可达 0.12 m/s，底板和两帮的最大垂直位移速度分别为 0.058 m/s、0.067 m/s，其中底板的垂直位移速度会出现正值，说明底板的垂直位移速度方向不是一成不变的。对于顶板的垂直位移速度，4 种扰动引起的垂直位移速度由大到小依次为 B_1、B_2、A_1、A_2；对于底板的垂直位移速度，4 种扰动引起的垂直位移速度由大到小依次为 A_1、A_2、B_1、B_2，这一特征与垂直位移量变化的排序特征具有一致性；对于巷道两帮，无论是在 A 位置还是在 B 位置，相同震动波引发的垂直位移速度相差不大，说明震动波 1 和震动波 2 处于巷道正上方和正下方时对巷道两帮的垂直位移速度影响不大，也可推断出巷道正上方和正下方的震动扰动对巷道顶底板的影响比两帮明显，可以据此指导现场支护方案的选择和优化。

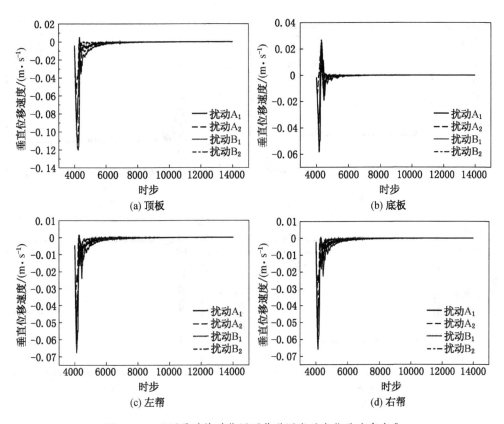

图 2-23 不同震动扰动作用下巷道围岩垂直位移速度变化

4. 水平位移速度分析

图 2-24 为不同扰动加载条件下巷道顶板、底板、左帮、右帮的水平位移速度随动力计算时步增加的变化过程。与垂直位移速度类似，顶底板和两帮在震动扰动条件下的水平位移速度也总是经历先急速震荡增加，然后急速震荡降低，最后缓慢的逐渐趋于 0 的过程。对比图 2-24 各分图可知，两帮的水平位移速度变化较顶底板的水平位移速度变化剧烈，左帮的水平位移速度大于右帮的水平位移速度，顶板的水平位移速度大于底板的水平位移速度。两帮及顶底板的最大水平位移速度分别为 0.073 m/s、0.068 m/s、0.0144 m/s、0.0092 m/s，两帮的水平位移速度方向相反。

2.3.5 扰动加载下巷道围岩破坏的时步效应

为了直观地揭示震动扰动对回采巷道附近煤岩的破坏作用，明确震动扰动对

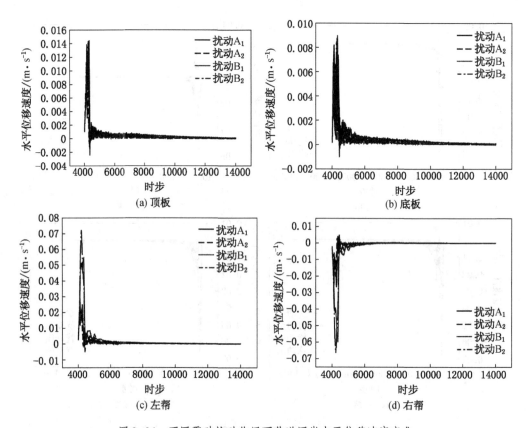

图 2-24　不同震动扰动作用下巷道围岩水平位移速度变化

冲击地压的触发作用，截取动力计算中不同时步、不同扰动加载条件下巷道围岩破坏情况云图，图 2-25 至图 2-28 分别为方案 A_1、方案 A_2、方案 B_1、方案 B_2条件下不同时步的模型中间位置巷道围岩塑性破坏分布云图。需要特别说明的是，图 2-25 至图 2-28 中标注的时步仅为动力计算时步，不包括静力计算时步。

　　由图 2-25 至图 2-28 可以看出，震动扰动的作用明显，4 种方案下的震动扰动都可以造成震源区和巷道围岩发生强烈的塑性破坏，并且塑性区随着计算时步的增加逐步扩展。当动力计算时步为 500 时，震动源区附近围岩发生明显的塑性破坏，震动源区破坏基本暂未连通巷道围岩塑性破坏区域，但有向巷道扩展的趋势。当动力计算时步为 1000 时，震动源区塑性破坏与巷道围岩塑性破坏基本连通，巷道围岩破坏范围增大。当动力计算时步为 2000 时，这时也是模型中塑性破坏的最终形态，即接下来的动力计算中，围岩发生继续扩展性塑性破坏的区域较小或不再发生继续破坏，此时已经造成巷道围岩极大范围的破坏，震动源区与巷道附近围岩破坏呈现高度的连通形态。此时的震动波已经直接影响巷道的稳定性，可能触发冲击地压，由图 2-25 至图 2-28 也可以看出震动扰动对围岩造成的破坏影响是大范围连体形状的破坏形态。

对比图 2-25 和图 2-26 或者图 2-27 和图 2-28 可以看出，同一位置的震动扰动，震动波 1 对巷道围岩造成的塑性破坏作用明显强于震动波 2 的作用结果，这是符合实际情况的，且与现场微震监测显示的结果一致。由图 2-25 至图 2-28 还可以看出，巷道上方的震动扰动对巷道底角区域造成严重破坏，巷道下方的震动扰动对巷道顶角区域造成严重破坏，这与前文论述的震动波作用下巷道围岩应力变化特征具有一致性，也说明矩形巷道的顶底角位置容易发生冲击地压，可以据此指导现场防冲。

总结以上分析认为，震动波扰动下巷道围岩的破坏情况较无震动波扰动下的破坏情况严重得多，也说明由震动波造成的煤岩扰动加载促进冲击地压发生的可能性较静载下冲击地压发生的可能性增强。所以，在工程实践中要防治扰动加载型冲击地压，防震是防冲的必要前提和有力保障。

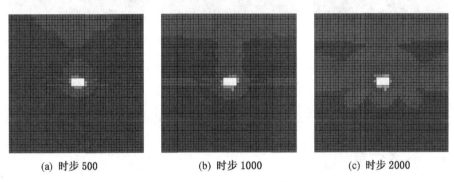

(a) 时步 500　　　　　　(b) 时步 1000　　　　　　(c) 时步 2000

图 2-25　方案 A_1 作用下巷道围岩塑性区分布

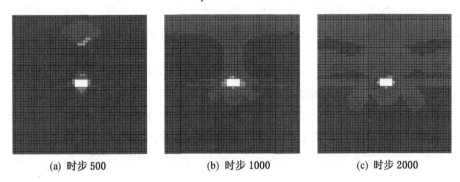

(a) 时步 500　　　　　　(b) 时步 1000　　　　　　(c) 时步 2000

图 2-26　方案 A_2 作用下巷道围岩塑性区分布

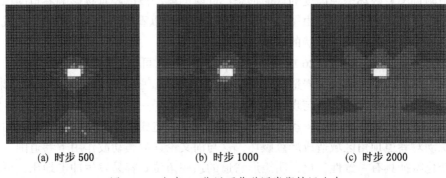

(a) 时步 500   (b) 时步 1000   (c) 时步 2000

图 2-27　方案 B_1 作用下巷道围岩塑性区分布

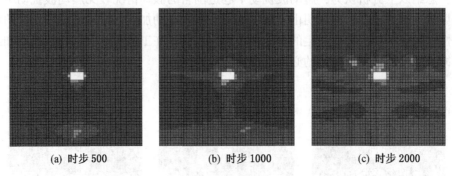

(a) 时步 500   (b) 时步 1000   (c) 时步 2000

图 2-28　方案 B_2 作用下巷道围岩塑性区分布

2.4　本章小结

（1）阐述了煤矿扰动加载的界定标准为应变率大于 $10^{-3}/s$，煤矿扰动加载的特征主要有衰减性、波动性、随机性、瞬态性、集中性和低应变率性。从关键岩层、断层构造、地应力、冲击倾向性等角度分析了扰动加载型冲击地压孕育的自然条件。

（2）震动扰动施加后，巷道顶底板及两帮的应力、变形、变形速度、变形加速度经历强烈的震荡后逐渐趋于稳定，其中巷道围岩的最大垂直应力和水平应力可以分别达到无扰动时的 2 倍和 1.5 倍左右；动力计算时步增加，震源与巷道围岩的塑性破坏区逐步扩展，最终贯通，巷道发生冲击地压的可能性增加。

3 扰动加载触发煤体冲击破坏机理

3.1 扰动加载触发煤体冲击破坏特征试验设计

3.1.1 试验背景和目的

冲击地压的很多理论（如强度理论、刚度理论、冲击倾向理论等）都是围绕煤岩体自身的破坏特征进行研究的，对于外部震动扰动触发冲击机制的研究尚存不足。因此，对扰动加载触发煤体冲击破坏特征的研究是揭示扰动加载型冲击地压内在机制的关键，也是有针对性地提出预测方法和防冲对策的重要前提。煤矿工作面开采过程中产生的矿震会对工作面或巷道产生震动扰动，其实质是对煤岩介质的扰动加载，扰动加载区别于静力加载的主要特征表现在其应力及能量释放的非线性、非连续性和突然迅猛性，不同加载形式对煤体的冲击破坏特征是否具有相同的影响？如果不同，区别在哪里？这些是扰动加载条件下煤岩冲击破坏特征研究的关键问题。

基于工程背景及现场反馈的扰动加载型冲击地压真实案例，有必要进一步细化研究扰动加载下煤体的冲击破坏特征。作者以室内试验为研究手段，分析静力加载和扰动加载（试验中采用应变率控制）组合作用下煤样试件强度、冲击倾向性、冲击破坏声发射、煤样试件动态破坏、冲击碎片等的特征，分析煤样试件冲击破坏程度与扰动加载或扰动能量输入速率和释放率等之间的关系，揭示扰动加载与静力加载下煤样试件破坏的区别，为扰动加载触发冲击地压机理的研究提供理论支撑。

3.1.2 试验内容

（1）研究不同扰动加载（通过控制位移加载速率及其对应的应变率来实现）对煤体强度、弹性模量及冲击性能的影响，确定扰动加载对于煤体物理力学参数及冲击破坏性能的作用。

（2）研究不同扰动加载应变率和扰动能量输入速率对煤体声发射特征（包括振铃计数和试件内部撞击数）的影响，分析不同扰动加载应变率条件下的声发射定位信息，揭示扰动加载对煤体冲击破坏的损伤机制和能量特征。

（3）研究不同扰动加载对煤体动态破坏特征的影响，进一步揭示扰动加载下煤体发生冲击破坏的损伤机制。

(4) 研究冲击碎片粒径特征, 采用分形理论对冲击碎片进行分维值计算, 分析不同扰动加载及弹性能释放率等与煤样试件冲击碎片分维特征的关系, 定量评估煤样试件发生冲击破坏的程度及其相关性特征。

3.1.3 试验方案

试验总体上属于组合加载的加载方式, 即首先采用载荷控制 (静力加载), 加载到一定程度后采用加载速率控制 (扰动加载), 为真实反映工程中扰动加载触发冲击现象, 制定了 2 种静载荷加载量级。载荷分别设置为煤样试件静载条件下破坏载荷的 25% 和 50%, 静载条件下试件发生破坏的峰值载荷为 20.4 kN, 所以施加的 2 种静载荷 A 和 B 大小分别为 5.1 kN 和 10.2 kN, 对应模拟矿井浅部和深部的静载状态; 扰动加载采用位移加载速率控制, 根据第 2 章对煤矿扰动加载应变率界定的分析, 考虑煤体与煤样性质的区别, 同时根据经验, 在极高应变率加载的条件下, 试件瞬间破坏, 难以采集数据, 故选取以下 8 种不同的位移加载速率及其对应的应变率模拟不同程度的外在震动扰动, 位移加载速率分别为 0.05 mm/min、0.25 mm/min、0.5 mm/min、1 mm/min、2 mm/min、6 mm/min、15 mm/min、30 mm/min, 对应的应变率分别为 8.33×10^{-6}/s、4.17×10^{-5}/s、8.34×10^{-5}/s、1.67×10^{-4}/s、3.34×10^{-4}/s、1.00×10^{-4}/s、2.50×10^{-3}/s、5.00×10^{-3}/s。按照制定的方案, 每组试验进行 8 次, 共进行 2 组试验。为模拟煤矿生产中静载基础上的震动扰动现象, 在静载施加到设定载荷后, 保持 10 s 时间的载荷固定, 然后再按照设计方案继续扰动加载。试验方案见表 3-1。

表 3-1 试 验 方 案

试验编号	扰动加载的位移加载速率/(mm·min⁻¹)	扰动加载的应变率/s⁻¹	静载荷 A (浅部)/kN	静载荷 B (深部)/kN
1	0.05	8.33×10^{-6}		
2	0.25	4.17×10^{-5}		
3	0.5	8.34×10^{-5}		
4	1	1.67×10^{-4}	5.10	10.20
5	2	3.34×10^{-4}		
6	6	1.00×10^{-3}		
7	15	2.50×10^{-3}		
8	30	5.00×10^{-3}		

3.1.4 试验系统

1. 试验加载系统

要在试验中实现扰动加载，以往通常采用霍普金森压杆或者现场爆破，霍普金森压杆本身是研究弹道工程的设备，其加载的应变率范畴超出煤矿扰动加载范畴；现场爆破试验容易受多方面的干扰，采集数据准确率较差，现场实施困难，存在危险性，故试验加载系统选用美国 MTS 公司生产的 MTS-C64.106 电液伺服材料系统。该系统额定承载能力 1000 kN，动作器位移速度为 0.01~90 mm/min，若采用高度为 100 mm 的试件，对应的应变率范围为 $1.67 \times 10^{-6} \sim 1.5 \times 10^{-2}/s$，基本上满足煤矿扰动加载及其对应反映的煤体试件扰动加载应变率范围，同时又可以实现对试件的静力加载。试验加载系统精度为 0.5 级，位移分辨率为 0.2 μm，数据采集频率为 1000 Hz，控制循环频率为 1000 Hz。

2. 声发射信息采集系统

声发射信息采集系统采用美国 PAC 公司生产的集成 PCI-2 卡声发射监测系统。该系统由并行处理的 PCI-2 卡构成，每卡提供 2 个完整的数字声发射通道。PCI-2 卡能同时实现特征参数提取和波形处理，具有 $10^3 \sim 3 \times 10^7$ Hz 的频率范围，采样率高达 4×10^7 Hz。该系统由前置放大器、滤波电路、A/D 转换模块、波形处理模块和计算机等组成，配套 AE Win 软件，可实现信号采集及 A/D 转换、数据存储、空间定位等功能。

试验中声发射系统门槛值设定为 40 dB，信息采集使用 6 个传感器控制，其中 1 号、2 号、3 号传感器布置于距离试件底端 10 mm 处，3 个传感器呈平面180°布置；4 号、5 号、6 号传感器布置于距离试件顶端 10 mm 处，3 个传感器呈平面 180°布置。具体布置如图 3-1 所示。

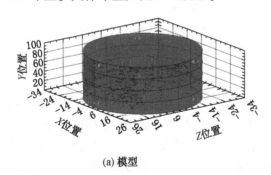

(a) 模型

(b) 实物

图 3-1 传感器布置

3. 图像信息采集系统

图像信息采集系统选用德国 Mikrotron 公司生产的 MotionBLITZ cube7 型高速摄像机。该系统可以实现对煤体试件裂纹扩展及破坏过程的动态捕捉，试验中设置每秒拍摄 100 张图片。试验中涉及的主要设备如图 3-2 所示。

(a) 应力加载与控制系统

(b) 声发射信息采集系统　　(c) 图像信息采集系统

图 3-2　试验系统

3.1.5　试件制备

试验煤样采集于兖州煤业股份有限公司东滩煤矿 63$_{上}$05 工作面，采集地点在 63$_{上}$05 工作面开采至 107.3 m 位置的煤壁。选取具有冲击危险煤层中无明显裂隙发育且致密性较好的大块原煤，按照岩石力学试验标准钻取直径为 50 mm 的圆柱体，然后截锯成高度为 100 mm 的规则煤样试件，最后将试件两端打磨平整，确保打磨后试件两端不平整度范围为 ±0.5 mm，断面与轴线不垂直度范围为 ±0.15°。煤样采集及试件加工过程如图 3-3 所示。考虑试验中试件的不合格率和试验失败的可能，共加工 24 个试件，试件参数见表 3-2。

图3-3 煤样采集与试件制备

表3-2 试件基本参数

序号	试件编号	高度/mm	直径/mm	质量/g	横截面积/cm²	体积/cm³	密度/(g·cm⁻³)
1	1-1	99.14	49.43	257.4	19.18	190.15	1.35
2	1-2	100.53	48.59	250.3	18.53	186.32	1.34
3	1-3	98.59	48.91	246.6	18.78	185.14	1.33
4	1-4	99.35	48.72	254.4	18.63	185.12	1.37
5	1-5	101.78	49.01	247.3	18.86	191.91	1.29
6	1-6	99.55	48.99	259.7	18.84	187.55	1.38
7	1-7	101.64	49.13	260.0	18.95	192.59	1.35
8	1-8	101.47	48.76	248.7	18.66	189.38	1.31
9	2-1	100.66	49.21	268.3	19.01	191.35	1.40
10	2-2	100.63	48.72	253.7	18.63	187.50	1.35
11	2-3	99.83	48.93	277.6	18.79	187.62	1.48
12	2-4	100.72	48.87	275.3	18.75	188.83	1.46

表 3-2（续）

序号	试件编号	高度/mm	直径/mm	质量/g	横截面积/cm²	体积/cm³	密度/(g·cm⁻³)
13	2-5	101.51	48.85	261.3	18.73	190.15	1.37
14	2-6	99.83	49.25	237.2	19.04	190.08	1.25
15	2-7	95.64	48.89	243.4	18.76	179.45	1.36
16	2-8	97.95	49.07	242.6	18.90	185.14	1.31
17	补1	100.35	48.94	243.0	18.80	188.68	1.29
18	补2	96.96	48.93	231.5	18.79	182.23	1.27
19	补3	100.90	49.07	250.5	18.90	190.72	1.31
20	补4	95.52	49.01	230.5	18.86	180.11	1.28
21	补5	92.55	49.02	241.1	18.86	174.58	1.38
22	补6	95.80	48.95	226.3	18.81	180.19	1.26
23	补7	100.35	48.98	253.0	18.83	188.98	1.34
24	补8	99.63	48.94	243.4	18.80	187.32	1.30

3.2 扰动加载触发煤体冲击破坏试验结果及分析

3.2.1 试件力学性质与冲击倾向特征

1. 扰动加载下煤体物理力学性能

图 3-4 和图 3-5 为试验过程中压力机记录的 5.1 kN 和 10.2 kN 静载条件下不同应变率扰动加载的应力—应变曲线，表 3-3 和表 3-4 为试验测定的不同加载条件下的煤样试件物理力学参数。

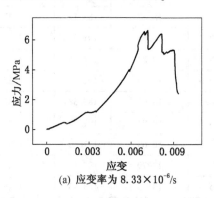
(a) 应变率为 8.33×10⁻⁶/s

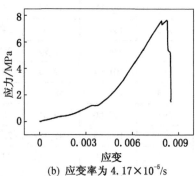
(b) 应变率为 4.17×10⁻⁵/s

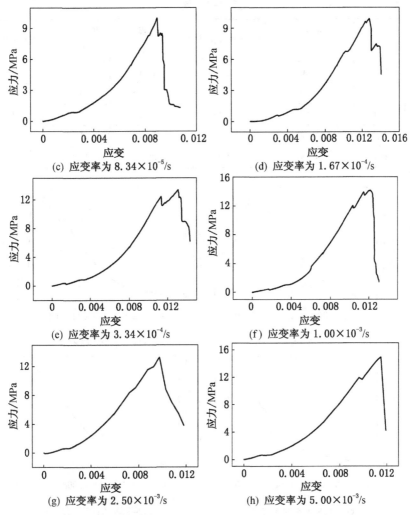

图 3-4　5.1 kN 静载条件下不同应变率扰动加载应力—应变曲线

表 3-3　5.1 kN 静载条件下不同应变率扰动加载煤样物理力学参数测试结果

序号	试件编号	扰动加载速率/（mm · min⁻¹）	应变率/×10⁻⁵ s⁻¹	峰值载荷/kN	抗压强度/MPa	弹性模量/GPa
1	1-1	0.05	0.83	12.60	6.63	1.39
2	1-2	0.25	4.17	14.21	7.63	1.76
3	1-3	0.50	8.34	18.67	9.97	1.49

表 3-3（续）

序号	试件编号	扰动加载速率/（mm·min^{-1}）	应变率/×10^{-5} s^{-1}	峰值载荷/kN	抗压强度/MPa	弹性模量/GPa
4	1-4	1.00	16.7	18.64	9.91	1.72
5	1-5	2.00	33.4	26.55	14.13	1.96
6	1-6	6.00	100	24.52	13.36	1.86
7	1-7	15.00	250	25.06	13.26	2.14
8	补3	30.00	500	28.03	14.91	2.11

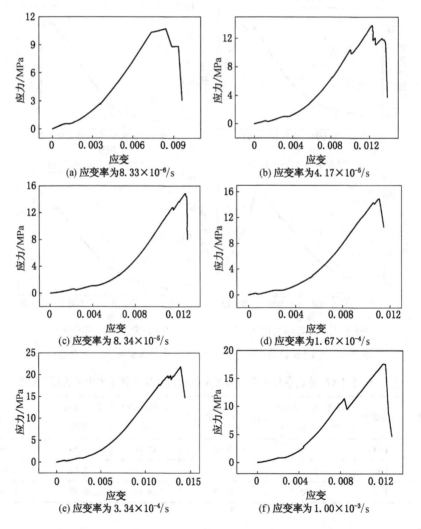

(a) 应变率为 8.33×10^{-6}/s

(b) 应变率为 4.17×10^{-5}/s

(c) 应变率为 8.34×10^{-5}/s

(d) 应变率为 1.67×10^{-4}/s

(e) 应变率为 3.34×10^{-4}/s

(f) 应变率为 1.00×10^{-3}/s

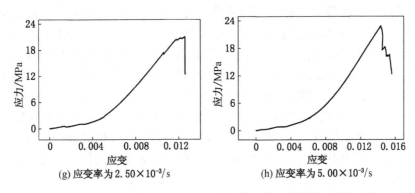

图 3-5 10.2 kN 静载条件下不同应变率扰动加载应力—应变曲线

表 3-4 10.2 kN 静载条件下不同应变率扰动加载煤样物理力学参数测试结果

序号	试件编号	扰动加载速率/ (mm · min^{-1})	应变率/×10^{-5} s^{-1}	峰值载荷/ kN	抗压强度/ MPa	弹性模量/GPa
1	1-1	0.05	0.83	20.26	10.72	1.96
2	1-2	0.25	4.17	25.95	13.82	1.82
3	1-3	0.50	8.34	27.42	14.80	2.41
4	1-4	1.00	16.7	28.15	14.94	2.59
5	1-5	2.00	33.4	41.11	21.80	2.71
6	1-6	6.00	100	33.37	17.61	2.48
7	1-7	15.00	250	40.32	21.02	2.98
8	补4	30.00	500	42.61	22.87	3.36

为分析煤样试件抗压强度和弹性模量随加载模式的变化而表现出的规律性，将表 3-3、表 3-4 中的抗压强度和弹性模量数据做成散点图（图 3-6、图 3-7），图 3-6、图 3-7 中横坐标为扰动加载应变率，从散点图中看出散点基本符合对数函数曲线特征，曲线基本形式为 $y=a+b\ln(x+c)$，然后按此形式对散点数据进行拟合，如图 3-6、图 3-7 所示。

图 3-6、图 3-7 中拟合曲线的判定系数 R^2 为 0.74~0.81，考虑煤样试件的个体差异，认为此数据可以作为分析的依据。根据拟合曲线，可以肯定任何静载下的扰动加载随着应变率的增大，煤样的抗压强度和弹性模量都会增大，即应变率增大，试件受载特性更趋于扰动加载表现出的特性，煤样的抗压强度和弹性模量增加。对于这一点，一些学者也给出了相同结论，但是对于抗压强度和弹性模

量拟合曲线的增长模式，却有不同结论。有人认为呈指数形式，有人认为呈反"S"形式，作者认为应呈对数形式。原因如下：首先，从试验数据散点分布来看，其曲线形状更加符合对数曲线的形状，并且拟合结果显示判定系数 R^2 值相对更高；其次，对于煤这种内部裂隙、节理都比较发育的材料，低应变率载荷相对而言更能保证煤体内部裂隙闭合，促使煤体更快地提高抗压强度和弹性模量，而高应变率载荷，可能瞬间促使煤体沿裂隙张开或劈裂，不能把煤体裂隙完全闭合好；最后，从损伤力学的角度，低应变率扰动载荷可以保证单位体积应力增量对应的煤体损伤相对减少，从而使煤体抗压强度和弹性模量急速增大。按照此次

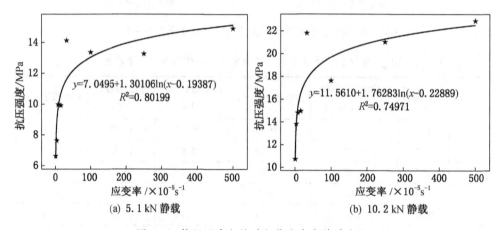

(a) 5.1 kN 静载　　　　　　　(b) 10.2 kN 静载

图 3-6　抗压强度与扰动加载应变率关系曲线

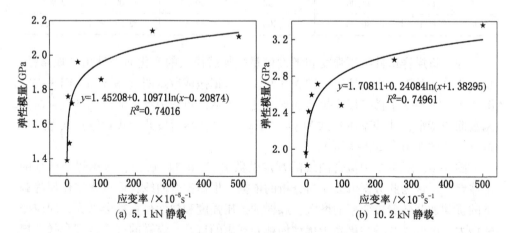

(a) 5.1 kN 静载　　　　　　　(b) 10.2 kN 静载

图 3-7　弹性模量与扰动加载应变率关系曲线

试验的数据，认为当扰动加载应变率小于 $10^{-3}/s$ 时，试件破坏瞬时强度和弹性模量急速增加；当扰动加载应变率介于 $10^{-3}/s \sim 5 \times 10^{-3}/s$ 之间时，试件破坏瞬时强度和弹性模量缓慢增加。

对比图 3-6、图 3-7 中的分图，从绝对数值来看，分图 b 中的绝对数值明显高于分图 a 中的绝对数值，即在高静载基础上扰动加载测定的煤样破坏瞬时强度和弹性模量结果明显高于在低静载基础上的测试结果，可以据此认为高静载下的扰动加载更有利于煤样冲击强度的提高，也更容易触发冲击。所以，通常情况下的矿井深部比矿井浅部冲击强度更强、冲击频次更多。

2. 扰动加载下煤体冲击性能

煤岩体冲击倾向性是衡量煤岩体冲击性能的重要指标，煤岩体冲击倾向性判定指标是指特定加载模式下的冲击能量指数、动态破坏时间、弹性能指数的测试结果。为研究冲击倾向性指标随扰动加载应变率的变化而呈现的规律性，掌握扰动加载下煤样的冲击性能与静力加载下的区别，同样采用冲击倾向性指标算法，区别名称，取名冲击能比和破坏时间，分析这 2 个指标随扰动加载应变率的变化所呈现规律的特殊性。表 3-5 和表 3-6 分别为 5.1 kN 和 10.2 kN 静载条件下不同应变率扰动加载所测试的煤样冲击能比、破坏时间结果。定义的冲击能比和破坏时间与相关规定中的定义相似，冲击能比是指煤体试件扰动加载条件下应力—应变曲线峰前积聚的能量与峰后耗散的能量之比，破坏时间是指煤体试件扰动加载条件下应力—应变曲线从应力峰值到试件完全破坏所经历的时间。

表 3-5　5.1 kN 静载条件下不同应变率扰动加载煤样冲击性能参数测试结果

序号	试件编号	扰动加载速率/ (mm · min^{-1})	应变率/ ×10^{-5} s^{-1}	峰前能量/J	峰后能量/J	冲击能比	破坏时间/ms
1	1-1	0.05	0.83	13.82	8.87	1.56	37947
2	1-2	0.25	4.17	18.79	7.43	2.53	26580
3	1-3	0.50	8.34	27.62	14.32	1.93	12241
4	1-4	1.00	16.7	38.92	15.14	2.57	7470
5	1-5	2.00	33.4	60.85	22.38	2.71	543
6	1-6	6.00	100	51.75	13.51	3.83	697
7	1-7	15.00	250	47.84	21.12	2.27	47
8	补3	30.00	500	55.69	4.75	11.72	31

表3-6 10.2 kN 静载条件下不同应变率扰动加载煤样冲击性能参数测试结果

序号	试件编号	扰动加载速率/ （mm·min⁻¹）	应变率/ ×10⁻⁵ s⁻¹	峰前能量/J	峰后能量/J	冲击能比	破坏时间/ms
1	1-1	0.05	0.83	38.87	13.39	2.90	25340
2	1-2	0.25	4.17	65.25	24.17	2.70	27127
3	1-3	0.50	8.34	60.10	9.56	6.29	11051
4	1-4	1.00	16.7	53.17	7.21	7.37	2830
5	1-5	2.00	33.4	102.67	13.48	7.61	397
6	1-6	6.00	100	83.39	13.13	6.35	581
7	1-7	15.00	250	98.48	4.95	19.89	36
8	补4	30.00	500	96.67	29.33	3.30	19

为分析煤体冲击能比与破坏时间随扰动加载应变率的变化所呈现的规律，将表3-5、表3-6中的数据做成散点图，其中峰前能量、冲击能比、破坏时间的散点分布分别符合对数曲线特征、直线特征和指数函数曲线特征，曲线基本形式分别为 $y=a+b\ln(x+c)$、$y=ax+b$、$y=y_0+Ae^{-x/t}$，然后分别对其进行拟合，结果如图3-8 至图3-10 所示。

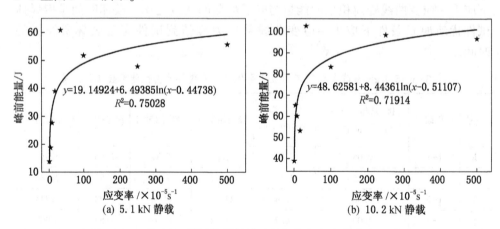

图3-8 峰前能量与扰动加载应变率的关系

由图3-8 可以看出，扰动加载应变率增大，试件峰前能量表现出呈对数函数增加的趋势，5.1 kN 静载时拟合曲线判定系数为 0.75028，10.2 kN 静载时拟合曲线判定系数为 0.71914，这种特征与抗压强度、弹性模量表现出来的特征相似，可以分为峰前能量急速增加阶段和缓慢增加阶段，以应变率约为 10^{-3}/s 为分界

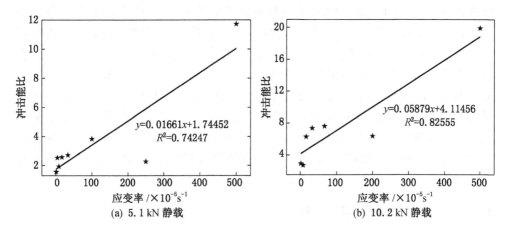

图 3-9　冲击能比与扰动加载应变率的关系

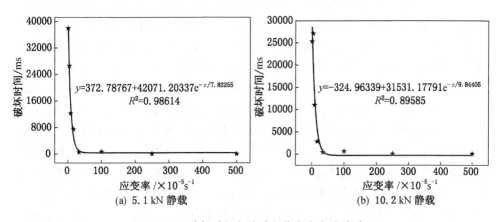

图 3-10　破坏时间与扰动加载应变率的关系

线。推测原因可能是当应变率较小时，随着扰动加载应变率的增加，受载材料的应力、应变会得到较大提升，积聚较大能量，而当应变率较大时，随着扰动加载应变率的增加，受载材料的应力、应变变化较小就发生破坏，其能量累积自然较少。对比图 3-8a、图 3-8b，图 3-8b 中的绝对数值明显高于图 3-8a 中的绝对数值，这也验证了矿井深部比浅部容易积聚能量的结论。根据试验得出的峰后能量散点分布，未能较好地拟合相应曲线，因为在试验过程中，几乎全部试验都不是由压力机自动停止的（设置当应力降低到峰值载荷的 90% 时试验自动停止），而是由试件破坏终止试验的，所以试件破坏的时间决定峰后能量的多少，未发现任何曲线特征。由图 3-9 可以看出，随着扰动加载应变率的增加，其冲击能比几乎呈直线增长，5.1 kN 和 10.2 kN 静载时试验数据拟合结果的判定系数分别为 0.74247 和 0.82555，图 3-9b 中的直线斜率高于图 3-9a 中的直线斜率，说明扰动加载应变率增加，矿井深部比浅部表现出的冲击性能更强。由图 3-10 可以看出，随着扰动载荷应变率的增加，其破坏时间呈指数函数下降，拟合曲线的判定系数为 5.1 kN 静载时 $R^2=0.98614$，10.2 kN 静载时 $R^2=0.89585$，并且从曲线形状上看，也大体可分为两个下降阶段，即破坏时间急速下降阶段和缓慢下降阶段，但是这两个阶段的分界线较强度、弹性模量、峰前能量的分界线小。对比图 3-10a、图 3-10b 中破坏时间的数值，同样能够得到矿井深部较浅部容易触发冲击的结论。

3.2.2 试件冲击破坏声发射特征

1. 声发射定位分析

图 3-11 和图 3-12 分别为 5.1 kN 和 10.2 kN 静载条件下不同应变率扰动加载的试件破裂声发射三维定位结果。由图 3-11、图 3-12 可以看出，无论是图 3-11 还是图 3-12，随着扰动加载应变率的增大，试件声发射事件数量逐渐减少，这样的结论符合实际情况。理由如下：首先，应变率的增大，缩减了加载时间，如在同组试验中应变率为 $8.33\times10^{-6}/s$ 的加载时间为 903.4 s，而应变率为 $5.00\times10^{-3}/s$ 的加载时间为 40.2 s，差别如此之大，声发射事件数量自然减少；其次，应变率增大促使试件破裂形成的震动波混合重叠，监测设备不能较好地区别小能量事件个体，造成小能量事件监测丢失；最后，应变率增大促使试件内部裂隙快速发育、扩展，对破裂波传播产生一定影响。虽然应变率增大，声发射事件数量减少，但是高能声发射数量并未减少，而且还有增加的趋势（图 3-11e 至图 3-11h 和图 3-12e 至图 3-13h，此应变率范围属于理论上的扰动加载范围），说明扰动加载更有利于产生高能破裂事件。由三维定位结果也可以看出，当应变率达到 $3.34\times10^{-4}/s$ 时才产生高能事件，低应变率情况下不产生高能事件。试验中，当应变率提升到 $10^{-3}/s$ 及更大以后，受载试件破坏时飞出，脱离母体，飞出速度顺次加快，猛烈程度逐次加大，甚至撞击压力机保护罩，同时伴随巨大声响，具有危险性。另外，图 3-11、图 3-12 还显示，当应变率较低时，高能事件总是处于试件上半部分，应变率增大，高能事件逐渐向试件下半部分转移，但此特征不明显。对比图 3-11 和图 3-12 发现，两种静载下施加扰动载荷的声发射事件定位结果区别不大，说明在动静组合加载触发煤样试件冲击破坏试验中，扰动加载的作用远远大于静载的作用，这也在一定程度上解释了动载荷更容易触发冲击的原因和近些年我国西部一些矿区在矿井浅部开采时也会发生冲击地压的现象。

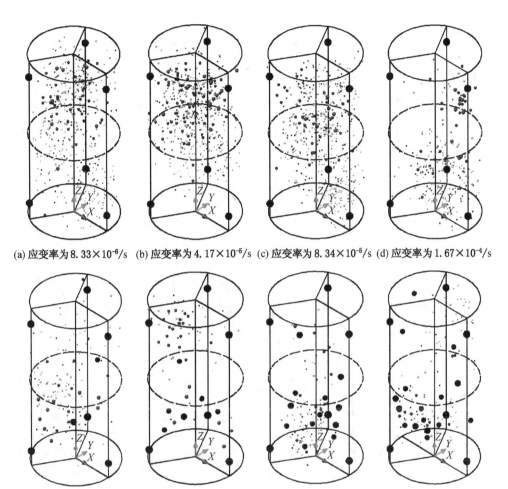

(a) 应变率为 8.33×10^{-6}/s (b) 应变率为 4.17×10^{-5}/s (c) 应变率为 8.34×10^{-5}/s (d) 应变率为 1.67×10^{-4}/s

(e) 应变率为 3.34×10^{-4}/s (f) 应变率为 1.00×10^{-3}/s (g) 应变率为 2.50×10^{-3}/s (h) 应变率为 5.00×10^{-3}/s

声发射图例/$\times 10^{-18}$J							
等级1	0～1000	等级2	1000～10000	等级3	10000～100000
等级4	100000～1000000	等级5	1000000～10000000	等级6	10000000～100000000
等级7	100000000～1000000000	探头	

图 3-11 5.1 kN 静载条件下不同应变率扰动载荷声发射三维定位

2. 声发射振铃计数和能量特征

分析声发射事件频次、能量特征，提取加载条件为 5.1 kN 静载，扰动加载应变率为 8.33×10^{-6}/s、1.67×10^{-4}/s、2.50×10^{-3}/s，以及加载条件为 10.2 kN 静

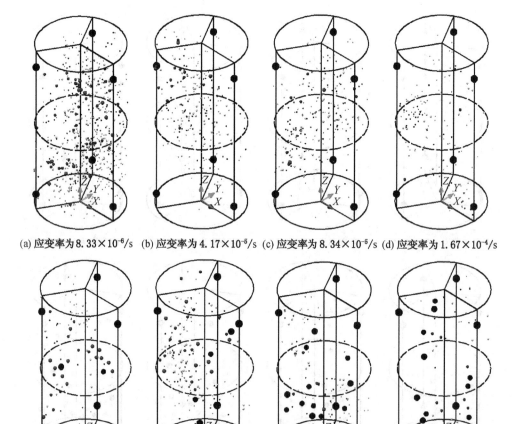

(a) 应变率为8.33×10⁻⁶/s (b) 应变率为4.17×10⁻⁵/s (c) 应变率为8.34×10⁻⁵/s (d) 应变率为1.67×10⁻⁴/s

(e) 应变率为3.34×10⁻⁴/s (f) 应变率为1.00×10⁻³/s (g) 应变率为2.50×10⁻³/s (h) 应变率为5.00×10⁻³/s

	声发射图例/×10⁻¹⁸J				
等级1	0~1000	等级2	1000~10000	等级3	10000~100000
等级4	100000~1000000	等级5	1000000~10000000	等级6	10000000~100000000
等级7	100000000~1000000000	探头			

图3-12 10.2 kN静载条件下不同应变率扰动载荷声发射三维定位

载，扰动加载应变率为8.33×10⁻⁶/s、1.67×10⁻⁴/s、2.50×10⁻³/s共6种组合加载方式下的监测数据，分析声发射振铃计数和能量特征，明确动静载荷对冲击地压产生的影响。

图 3-13 为 6 种不同组合加载方式下的声发射振铃计数、能量随时间的变化图。由图 3-13 可以看出，首先，声发射振铃计数与能量总体上都随时间的增加表现出增长的特征，并且二者的变化趋势具有一致性，即振铃计数增加的同时能量也增加；其次，随着扰动加载应变率的增大，试验加载时间大幅度减少，振铃计数减少，但声发射能量幅值具有增加的趋势，说明扰动加载应变率增大有利于高能声发射事件的爆发，这一点与声发射事件的三维定位结果一致；再次，扰动加载应变率增加，振铃计数与能量的增长模式由缓慢增长逐渐发展为急速增长再发展为突然增长，说明高应变率扰动加载更容易造成突发事件；最后，相同应变率扰动加载，不同静载下的振铃计数与能量区别不大，说明扰动加载的作用大于静载的作用。

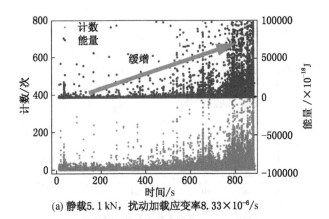

(a) 静载5.1 kN，扰动加载应变率8.33×10⁻⁶/s

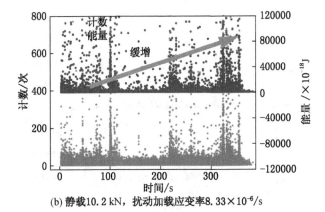

(b) 静载10.2 kN，扰动加载应变率8.33×10⁻⁶/s

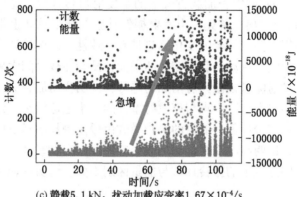

(c) 静载5.1 kN，扰动加载应变率1.67×10⁻⁴/s

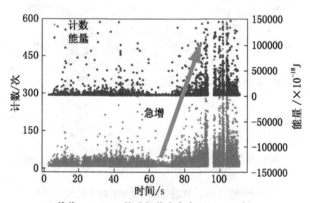

(d) 静载10.2 kN，扰动加载应变率1.67×10⁻⁴/s

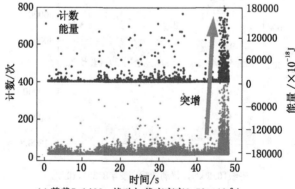

(e) 静载5.1 kN，扰动加载应变率2.50×10⁻³/s

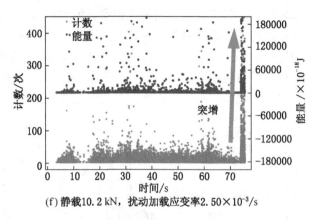

(f) 静载10.2 kN，扰动加载应变率2.50×10⁻³/s

图3-13　不同加载条件下声发射振铃计数、能量特征

3. 能量输入速率与试件破裂声发射特征的关系

煤岩体发生声发射现象及产生内部损伤的本质是有外界能量输入，外界能量输入决定了内部发生破裂和撞击，因此将不同组合加载方式下的能量输入速率、振铃计数、试件内部撞击数（4个及以上传感器同时接收到信号表示一次撞击事件）表现在一张图上，对比分析能量输入速率与试件内部损伤变化之间的关系。在一维情况下，试件能量输入可用式（3-1）表示，其中参数在每秒范围内取值即可求出其能量输入速率。不同组合加载方式下的能量输入速率与声发射振铃计数、撞击数的关系如图3-14所示。

$$Q = \iiint_V \sigma \varepsilon dV \qquad (3-1)$$

式中　Q——试件的外部能量输入，J；

　　　V——试件体积，m³；

　　　σ——试件某一时刻承受的应力，Pa；

　　　ε——应变。

由图3-14显示的能量输入速率与声发射振铃计数、撞击事件数的关系可知：首先，仅从能量输入角度来看，静载相同，扰动加载应变率较低时，能量输入较均衡；扰动加载应变率较高时，能量输入不稳定，表现出突然增大的现象，此现象尤其表现在能量输入速率的峰值位置。经对比分析发现，扰动加载应变率增大，能量输入经历"缓增—急增—突增"的转变过程，这与声发射监测的能量特征一致。其次，能量输入速率与振铃计数、撞击数具有较一致的增长趋势，尤其表现在能量输入达到最大值时，在微小范围内振铃计数与撞击数也会达到最大值，此时试件内部裂纹扩展和损伤也达到最大程度，因此可以认为能量输入速率与试件内部损伤具有正相关关系；另外，在试件达到峰值载荷时，裂纹扩展主要表现为裂隙贯通和宏观破坏，内部损伤急剧增加；在能量输入达到峰值之后的短时间内，往往经历振铃计数与撞击数迅速降低到很小的过程，说明试件正在或即将完全失去承载能力，加载即将结束。再次，对比相同静载，不同扰动加载的振

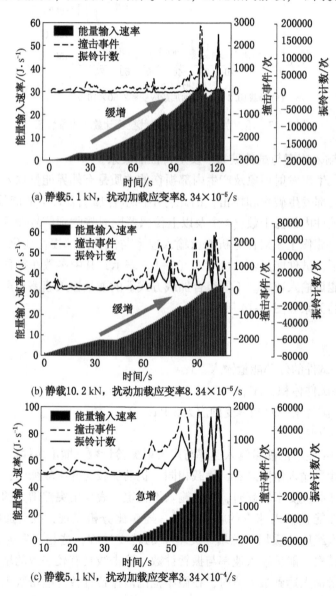

(a) 静载5.1 kN，扰动加载应变率8.34×10⁻⁵/s

(b) 静载10.2 kN，扰动加载应变率8.34×10⁻⁵/s

(c) 静载5.1 kN，扰动加载应变率3.34×10⁻⁴/s

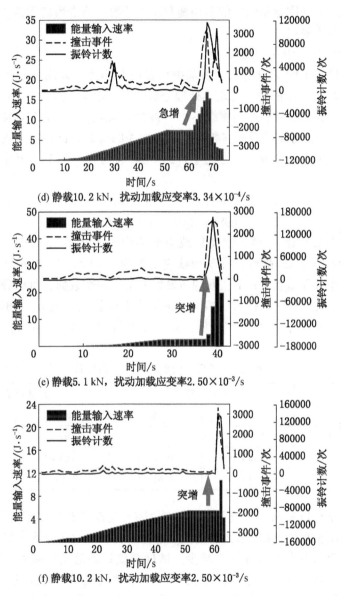

(d) 静载10.2 kN，扰动加载应变率3.34×10⁻⁴/s

(e) 静载5.1 kN，扰动加载应变率2.50×10⁻³/s

(f) 静载10.2 kN，扰动加载应变率2.50×10⁻³/s

图3-14　能量输入速率与声发射参数的关系

铃计数与撞击数（尤其在峰值位置）发现，扰动加载应变率越大，单位时间的振铃计数与撞击数越大，说明扰动加载应变率增大促进了试件内部裂隙的快速扩展与撞击事件的形成。最后，对比相同扰动加载、不同静载的情况发现，高静载会在较小程度上加剧能量输入的不均衡和振铃计数、撞击数的震荡，在一定程度上加剧试件的不稳定性。

4. 声发射事件中 a、b 值分析

分析试件在不同受载模式下内部损伤及破裂程度，采用地震学中著名的震级—频度关系式（即古登堡公式）处理分析声发射数据。式（3-2）为古登堡公式的表达式，M 为震级，N 为震级不小于 M 的地震频次，a 为与地震活动强弱正相关的常数，b 为与高低能地震数目之比负相关的常数。此次声发射数据处理中采用能级 $\lg E$ 代替震级 M，于是式（3-2）可转化为式（3-3），其中 E 为声发射事件能量。

$$\lg N(\geq M) = a - bM \tag{3-2}$$

$$\lg N(\geq \lg E) = a - b\lg E \tag{3-3}$$

将试验中 5.1 kN 静载，扰动加载应变率为 8.33×10^{-6}、1.67×10^{-4}、2.50×10^{-3}/s，以及 10.2 kN 静载，扰动加载应变率为 8.33×10^{-6}、1.67×10^{-4}、2.50×10^{-3}/s 共 6 种组合加载方式下获取的声发射能量、频次数据，每组分成 20 种 $\lg E$ 与 $\lg N$ 取值，然后对其进行直线拟合，求解古登堡公式中的 a、b 值，再对不同加载方式下的 a、b 值进行对比分析，a、b 值计算如图 3-15 所示，a、b 值比较见表 3-7。

表3-7　不同加载方式下 a、b 值比较

扰动加载应变率/s⁻¹	5.1 kN 静载		10.2 kN 静载	
	a 值	b 值	a 值	b 值
8.33×10^{-6}	4.99833	0.36771	5.05315	0.43113
1.67×10^{-4}	4.82150	0.40219	4.86007	0.43289
2.50×10^{-3}	4.38198	0.41377	4.48421	0.44175

由表 3-7 可以看出：静载不变时，a 值随着扰动加载应变率的增大而减小，b 值随着扰动加载应变率的增大而增大。这是因为，应变率增大，整体加载时间减少，监测到的声发射事件频次减少，试件裂纹扩展活动性减弱，所以 a 值减小，这一点与声发射三维定位结果一致；另外，声发射事件频次虽然减少，但高能声发射事件并未减少，反而增加，高低能声发射事件比例增加，所以 b 值增加，同时试件内部损伤加剧，更容易触发冲击地压。对比两种不同静载情况发现，相同扰动加载条件下，高静载时的 a、b 值都较低静载时大，说明扰动加载相同时，高静载更容易孕育强烈的冲击事件，这也在一定程度上解释了矿井深部比浅部冲击显现强烈的原因。但仔细比较发现，低静载情况下 b 值随扰动加载应

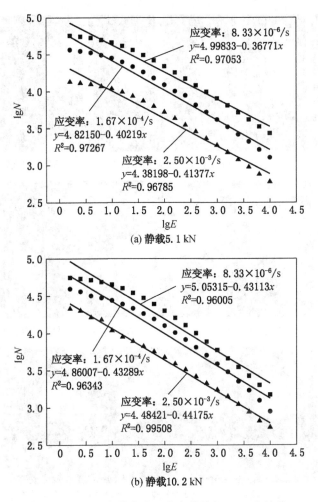

(a) 静载5.1 kN

(b) 静载10.2 kN

图3-15 不同加载方式下声发射数据 a、b 值计算

变率增长的速率比高静载时快，这说明在动静组合加载触发冲击试验中，扰动加载应变率增加促使静载作用越来越不明显。这两点规律与前文根据声发射振铃计数、能量、三维定位结果得出的结论都具有一致性。

3.2.3 试件动态破坏特征

采用高速摄像机对煤体试件受载破坏的动态过程进行实时监拍，每秒监拍100张照片，由于照片数量较大，只列出3组具有代表性的照片，如图3-16所示。

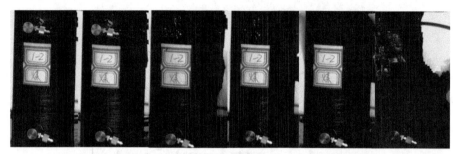

(a) 静载5.1 kN，扰动加载应变率4.17×10^{-5}/s，发生剪切破坏

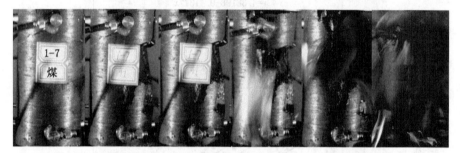

(b) 静载5.1 kN，扰动加载应变率2.50×10^{-3}/s，发生爆裂破坏

(c) 静载10.2 kN，扰动加载应变率1.67×10^{-4}/s，发生劈裂破坏

图3-16　试件破坏过程动态呈现

　　根据高速摄像机监拍的不同加载方式下试件动态破坏过程图片，可以看出，首先，扰动加载应变率越大，试件破坏越严重；静载不同，扰动加载应变率相同时，试件动态破坏形式区别不大，说明扰动加载对试件破坏形式起主控作用。其次，扰动加载应变率增大，试件破坏形式发生转变，由剪切破坏（图3-16a）向劈裂破坏（图3-16c）再向爆裂破坏（图3-16b）逐步转变。分析监拍结果得出，试验中当扰动加载应变率低于1.67×10^{-4}/s时，试件破坏形式为剪切破坏；当扰动加载应变率为1.67×10^{-4}~2.50×10^{-3}/s时，试件破坏形式为劈裂破坏；当

扰动加载应变率大于 $2.50 \times 10^{-3}/s$ 时，试件破坏形式为爆裂破坏。再次，当应变率较低时，破坏位置发生在试件的上半部分；应变率增大后，破坏位置由试件中部逐渐向下半部分延伸破坏，这一点与声发射定位结果相一致。将试件动态破坏结果与声发射三维定位结果一一比对，发现二者一致性良好，声发射显示的高能破裂点也是试件宏观破裂位置，说明声发射定位结果较准确，也说明声发射监测可以较好地反映试件受压内部的损伤程度及裂纹扩展情况。由图3-16也可以看出，煤体破坏过程几乎不发生明显的黏性变形，而以脆性破坏为主，因此认为由动载荷引发的煤体裂纹扩展主要是脆性裂纹扩展。

煤是原生裂隙发育的材料，动态应力波接触煤体时，煤体裂隙的尖端应力增大，促使裂隙扩展或分叉形成新裂隙，且新裂隙也发生扩展，但扩展时间滞后于原生裂隙，这时整个试件或煤体内部应力分布不均，裂纹扩展也不会停止，最终裂隙贯通，煤体以碎片形式抛出。所以，当工程中扰动加载应变率增大时，煤体裂纹扩展应力越大，赋予煤体碎片的动能越大，飞出或抛出速度越快，冲击地压发生强度越大。

3.2.4　试件破坏碎片的分形特征

1. 碎片粒径特征

为分析不同扰动加载应变率下的冲击碎片粒径特征，利用筛分粒径分别为 1 mm、2 mm、5 mm、10 mm、20 mm 和 40 mm 的筛子对试验后的煤样试件冲击碎片进行筛选分离，然后用电子秤称出对应粒径煤样碎片的质量，对比分析不同粒径碎片的质量比例。采用的不同粒径筛子和筛分后的煤屑如图3-17所示。不同加载条件下冲击碎片质量分布及其百分比分布见表3-8。

　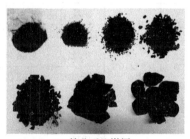

(a) 筛子　　　　　　　　　(b) 筛分后的煤屑

图 3-17　筛子与筛分后煤屑

表 3-8　不同加载条件下冲击碎片质量分布及其百分比分布

编号	静载/kN	应变率/s⁻¹	粒径/mm	<1	1~2	2~5	5~10	10~20	20~40	≥40
1-1	5.10	8.30×10⁻⁶	质量/g	4.66	2.67	7.27	13.43	30.98	192.79	0
			百分比/%	1.85	1.06	2.89	5.33	12.30	76.56	0
1-2	5.10	4.17×10⁻⁵	质量/g	4.94	2.96	7.93	10.62	37.76	182.14	0
			百分比/%	2.01	1.20	3.22	4.31	15.33	73.94	0
1-3	5.10	8.34×10⁻⁵	质量/g	3.22	4.51	4.93	30.85	113.33	81.22	0
			百分比/%	1.35	1.89	2.07	12.96	47.61	34.12	0
1-4	5.10	1.67×10⁻⁴	质量/g	2.26	1.14	4.17	6.11	152.18	81.91	0
			百分比/%	0.91	0.46	1.68	2.47	61.42	33.06	0
1-5	5.10	3.34×10⁻⁴	质量/g	7.78	2.58	10.27	12.72	97.49	50.04	58.33
			百分比/%	3.25	1.08	4.29	5.32	40.75	20.92	24.38
1-6	5.10	1.00×10⁻³	质量/g	3.58	4.47	4.85	8.24	19.75	58.98	147.75
			百分比/%	1.45	1.81	1.96	3.33	13.38	23.82	59.67
1-7	5.10	2.50×10⁻³	质量/g	4.69	2.46	17.91	23.75	32.27	115.87	48.86
			百分比/%	1.91	1.00	7.29	9.66	13.13	47.14	19.88
补3	5.10	5.00×10⁻³	质量/g	2.93	2.49	15.44	18.87	24.61	138.42	40.17
			百分比/%	1.21	1.02	6.36	7.77	10.13	56.98	16.54
2-1	10.20	8.30×10⁻⁶	质量/g	3.45	2.13	7.02	11.66	23.88	215.79	0
			百分比/%	1.31	0.81	2.66	4.42	9.05	81.76	0
2-2	10.20	4.17×10⁻⁵	质量/g	2.52	1.82	3.28	2.73	9.29	224.80	0
			百分比/%	1.03	0.74	1.34	1.12	3.80	91.97	0
2-3	10.20	8.34×10⁻⁵	质量/g	3.16	2.17	3.75	4.55	20.19	231.71	0
			百分比/%	1.19	0.81	1.41	1.71	7.60	87.26	0
2-4	10.20	1.67×10⁻⁴	质量/g	8.86	5.08	11.47	14.64	20.11	145.02	66.20
			百分比/%	3.26	1.87	4.23	5.39	7.41	53.44	24.39
2-5	10.20	3.34×10⁻⁴	质量/g	2.70	2.18	4.56	5.52	6.01	135.20	98.35
			百分比/%	1.06	0.86	1.79	2.17	2.36	53.12	38.64
2-6	10.20	1.00×10⁻³	质量/g	2.16	1.83	2.72	5.43	15.78	92.04	109.26
			百分比/%	0.94	0.80	1.19	2.37	6.88	40.15	47.67
2-7	10.20	2.50×10⁻³	质量/g	4.95	3.28	5.97	7.13	24.53	28.31	159.18
			百分比/%	2.12	1.41	2.56	3.06	10.51	12.13	68.22

表 3-8（续）

编号	静载/kN	应变率/s⁻¹	粒径/mm	< 1	1~2	2~5	5~10	10~20	20~40	≥40
补 4	10.20	$5.00×10^{-3}$	质量/g	4.87	3.11	7.94	9.74	36.08	45.09	118.53
			百分比/%	2.09	1.33	3.40	4.17	15.46	20.00	52.60

由表 3-8 可以看出，总体上，冲击碎片的粒径主要集中在 10~50 mm，小粒径煤屑质量分布较少。当应变率较低时，冲击碎片的粒径主要集中在 10~20 mm 和 20~40 mm，且此时一般不产生大粒径（≥40 mm）的冲击碎片。5.10 kN 静载时，粒径为 10~20 mm 的碎片在扰动加载应变率低于 $1.67×10^{-4}$/s 时会随应变率的增大而增大，小粒径冲击碎片增多，冲击碎片总表面积增大，消耗能量增大，因此这种扰动加载下一般不会引起强度很大的冲击现象。10.20 kN 静载时，扰动加载应变率小于 $8.34×10^{-5}$/s 时显现出同样的规律，可以进行相互验证。当扰动加载应变率较高时，大粒径碎片具有随扰动加载应变率升高而先增多后减少的规律，大粒径碎片增多，碎片总表面积减少，消耗能量减少，而扰动加载应变率升高又会使试件中储存的弹性能增多，二者差能增加，试件抗压强度增强。当应变率达到最大值时，大粒径碎片又减少，因此推测其存在可以产生最大冲击强度的扰动加载应变率极值，试件破坏强度并非随扰动加载应变率的增大而持续增加，但这个结论的论据不够充分，需要进一步探索。

2. 扰动加载应变率与试件碎片分维的关系

试验中，受压试件破碎程度不同的现象在工程中可影射为不同程度的冲击地压事故。所以，采用合理的方法定量评价试件碎片的破碎程度可以反映冲击的严重程度。目前，分形理论是一种广泛应用于定量描述无规则事件的理论，同时，煤样试件的冲击碎片也具有自相似特性。因此，采用分形理论对试件碎片进行分维值计算，定量评价试件的冲击破碎程度，进而分析动静载荷对冲击地压危险程度的影响是合理的。

以上从理论上分析了基于自相似特性的冲击碎片分维值表征冲击危险程度的合理性，下面引入分维计算中应用的冲击碎片质量—频率关系式和碎片质量与块度分布关系，见式（3-4），计算冲击碎片的质量分布分维值和块度分布分维值，定量评价试件或工程中的冲击危险程度。

$$\begin{cases} N = N_0 \left(\dfrac{M}{M_{max}} \right)^{-d} \\ D = 3d \end{cases} \tag{3-4}$$

式中 M——试件冲击碎片质量，g；

N——质量不小于 M 的冲击碎片数量，个；

M_{max}——最大块度的冲击碎片质量，g；

N_0——最大块度的冲击碎片数量，个，计算中取 1；

d——冲击碎片质量分布分维值；

D——冲击碎片块度分布分维值。

代入 N_0，式（3-4）经简单变换，可表达为式（3-5）。

$$\begin{cases} d = \dfrac{\ln N}{\ln}(M_{max}/M) \\ D = 3d \end{cases} \tag{3-5}$$

选取 7 种 M 的不同取值，分别为 1 g、2 g、3 g、5 g、10 g、15 g、20 g，对不同动静加载条件下的冲击碎片质量分布分维值进行计算，部分计算过程如图 3-18、图 3-19 所示，图 3-19 中的拟合直线斜率即为冲击碎片质量分维值。整个试验中，不同动静组合加载条件下的冲击碎片分维值计算过程及结果见表 3-9。

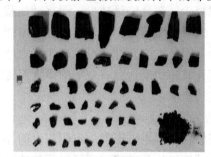
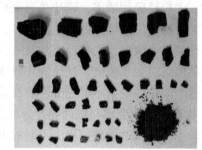

(a) 静载5.1 kN，扰动加载应变率1.67×10⁻⁴/s (b) 静载5.1 kN，扰动加载应变率3.34×10⁻⁴/s

图 3-18　冲击碎片

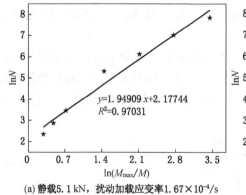
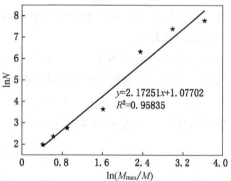

(a) 静载5.1 kN，扰动加载应变率1.67×10⁻⁴/s (b) 静载5.1 kN，扰动加载应变率3.34×10⁻⁴/s

图 3-19　部分 $\ln(M_{max}/M)$—$\ln N$ 拟合曲线

表3-9　不同加载条件下冲击碎片分维值计算结果

序号	试件编号	静载/kN	应变率/×10⁻⁵ s⁻¹	$\ln(M_{max}/M)-\ln N$ 拟合方程	判定系数 R^2	d 值	D 值
1	1-1	5.10	0.83	$y=1.41079x+0.08342$	0.91211	1.41079	4.23237
2	1-2	5.10	4.17	$y=1.44394x+0.11219$	0.94944	1.44394	4.33182
3	1-3	5.10	8.34	$y=1.49679x+0.35645$	0.91138	1.49679	4.49037
4	1-4	5.10	16.7	$y=1.94909x+2.17744$	0.97031	1.94909	5.84727
5	1-5	5.10	33.4	$y=2.17251x+1.07702$	0.95835	2.17251	6.51753
6	1-6	5.10	100	$y=2.46455x+0.97485$	0.87645	2.46455	7.39365
7	1-7	5.10	250	$y=2.51553x+1.21467$	0.96132	2.51553	7.54659
8	补3	5.10	500	$y=1.80363x+0.83479$	0.85487	1.80363	5.41089
9	2-1	10.20	0.83	$y=1.47461x+0.12135$	0.95424	1.47461	4.42383
10	2-2	10.20	4.17	$y=1.45799x+0.35421$	0.91458	1.45799	4.37397
11	2-3	10.20	8.34	$y=1.52677x+0.24259$	0.96121	1.52677	4.58031
12	2-4	10.20	16.7	$y=2.01251x+0.83846$	0.91158	2.01251	6.03753
13	2-5	10.20	33.4	$y=2.17137x+0.75769$	0.95453	2.17137	6.51411
14	2-6	10.20	100	$y=2.53578x+1.15463$	0.98478	2.53578	7.60734
15	2-7	10.20	250	$y=2.48468x+1.05124$	0.89987	2.48468	7.45404
16	补4	10.20	500	$y=1.91566x+0.53423$	0.90133	1.91566	5.74698

为分析扰动加载应变率与试件碎片分维的关系，定量评价冲击危险程度，将碎片质量分维值做成散点图，横坐标为扰动加载应变率。由散点图可以看出散点分布基本符合二次函数曲线特征，曲线基本形式为 $y=ax^2+bx+c$；然后按此形式对散点数据进行拟合，结果如图3-20所示。

图3-20中拟合曲线的判定系数 $R^2=0.65\sim0.72$，考虑试件个体差异和分维值变化的非均衡特质，认为拟合曲线可以作为以下分析的依据。拟合曲线呈抛物线形状，说明静载不变时，扰动加载应变率增大，试件碎片质量分维值并非持续增大，而是呈现先增大后减小的特征，但这个结论与岩石材料表现出的规律有所区别，也说明扰动加载应变率增大，试件碎片粒径先减小后增大，这与前文分析得出的试件冲击破坏碎片粒径特征具有一致性。此外，从碎片冲击动能角度出发，冲击碎片的动能与质量和冲击速度都呈正比，但质量增大造成的后果是速度减小，因此推测存在一个极大值，能够使试件碎片的冲击动能达到最大值，而拟合抛物线又恰好存在这样一个极大值，因此认为此极值对应的扰动加载应变率为

试件碎片产生最大冲击动能的应变率。图3-20显示，两种静载条件下的抛物线极大值相差不多，此应变率约为$2.8×10^{-3}/s$。考虑煤样与煤体的区别，工程应用中可将此值提高一个数量级。10.20 kN静载基础上的扰动加载试件碎片质量分维值相比较5.10 kN静载时的碎片质量分维值稍大，并且拟合曲线的判定系数也较差，这在一定程度上说明静载在冲击地压中主要起孕育的作用，静载较大时更容易发生冲击地压。

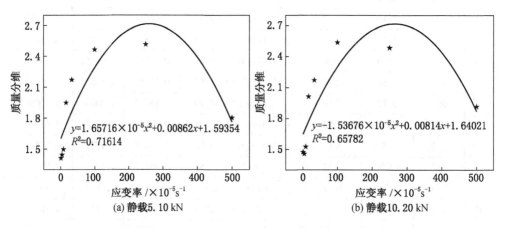

(a) 静载5.10 kN   (b) 静载10.20 kN

图3-20　扰动加载应变率与冲击碎片质量分维的关系

3. 弹性能释放率与碎片分维的关系

弹性能释放率是指不同加载条件下单位体积煤体发生冲击破坏后释放的弹性能量。为分析弹性能释放率与碎片分维的关系，将碎片质量分维做成散点图，横坐标为弹性能释放率，由于弹性能释放率数据比较离散，故作对数处理，即横坐标为$\lg E$，结果如图3-21所示。由图3-21可以看出，弹性能释放率与碎片质量分维之间具有较好的线性关系，拟合直线判定系数R^2均位于0.95以上，说明随着弹性能释放率的增加，碎片分维增大，破坏程度提高，冲击危险程度增大。

3.3　扰动加载型冲击破坏机制及冲击危险性评价指标

3.3.1　扰动加载触发冲击破坏机制分析

根据以上研究，结合工程实际情况，可对扰动加载触发冲击破坏机制做如下分析。

（1）扰动加载应变率增大，试件抗压强度、弹性模量、峰前能量增大，破坏时间降低。这些参数的变化加剧了煤体脆性，所以当较高应变率加载时几乎看

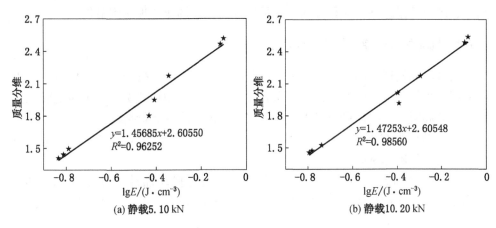

图 3-21　弹性能释放率与碎片分维的关系

不到试件的黏性变形。煤矿中，煤体脆性提高可等同于冲击性能增强。另外，抗压强度、弹性模量随着应变率的增加而变大的现象从能量角度来讲可视为煤体的储能性能增强。因此，认为扰动加载应变率增大，煤体冲击破坏释放能量增大，冲击强度增强。

（2）当静载不变，扰动加载应变率增大时，声发射振铃计数、能量、撞击事件数和外部能量输入速率会经历"缓增—急增—突增"的转变；应变率增加，古登堡公式中的 a 值减小，b 值增加。这些结论在工程中可解释为外部震动扰动增强引发的冲击强度并非与其呈线性增强关系，而是使冲击强度更大，即小扰动同样具有触发强烈冲击的危险，大能量震动增多，强度增强，冲击地压发生的突变性增强。

（3）宏观上，扰动加载应变率增大会使试件破坏形式发生"剪切破坏—劈裂破坏—爆裂破坏"的转变，工程中可影射为冲击地压发生强度增强。微观上，原生裂隙的扩展速度和新生裂隙的产生速度会随着煤体内部受力不均程度的增强而增强，而高应变率更容易引发煤体内部受力不均。

（4）煤体受压破裂是其内部原生裂隙扩展和新生裂隙产生共同作用的结果，新生裂隙本质上是原生裂隙演化的结果，其产生和扩展滞后于原生裂隙。当原生裂隙扩展速度较快时，煤体宏观破坏后，新生裂隙将不继续扩展，冲击碎片粒径较大；当原声裂隙扩展速度较慢时，新生裂隙得到更多的扩展时间，扩展更充分，冲击碎片粒径较小。但从分维值拟合结果来看，并不是扰动加载应变率越大，碎片质量分维值就越高，而是呈现先增后减的趋势，说明存在扰动加载应变率极值使冲击地压发生强度达到最大值，同时也说明现场爆破卸压中不是炸药量越多，卸压效果越好，而是存在一个最优炸药量使卸压效果达到最佳。

3.3.2 扰动加载型冲击危险性评价指标分析

通过研究发现扰动加载型冲击地压与静载冲击地压的机制存在一定区别，因此采用常规的冲击倾向性指标评价煤岩体是否具备扰动加载型冲击地压危险性具有一定的局限性。因此提出以下 4 项煤岩体冲击危险性评价指标。

（1）扰动加载下试件抗压强度，指固定扰动加载应变率（如 $2.50 \times 10^{-3}/s$）下测试的试件破坏瞬时强度。

（2）扰动加载下能量输入速率模式，指固定扰动加载应变率（如 $2.50 \times 10^{-3}/s$）下的能量输入速率增长趋势，可将此指标分为"缓增""急增""突增" 3 个等级。

（3）扰动加载下试件破坏模式，指固定扰动加载应变率（如 $2.50 \times 10^{-3}/s$）下的试件破坏模式，可将此指标分为"剪切破坏""劈裂破坏""爆裂破坏" 3 个等级。

（4）扰动加载下试件破裂碎片分维，指固定扰动加载应变率（如 $2.50 \times 10^{-3}/s$）下的试件碎片质量分维值。

3.4　本章小结

（1）获取不同加载方式下的试件破坏瞬时强度、弹性模量、冲击能比、破坏时间特征。试件破坏瞬时强度、弹性模量随扰动加载应变率的增加呈对数增加，冲击能比随扰动加载应变率的增加呈线性增加，破坏时间随扰动加载应变率的增加呈指数衰减。

（2）扰动加载应变率增大，声发射总体数量减少，高能声发射事件增多；扰动加载应变率增大，声发射振铃计数和能量幅值经历"缓增—急增—突增"的转变，试件受载的能量输入速率与声发射振铃计数、内部撞击数增长趋势基本一致，即也会经历"缓增—急增—突增"的转变。

（3）扰动加载应变率增大，煤样试件破坏形式发生转变，当扰动加载应变率低于 $1.67 \times 10^{-4}/s$ 时，试件主要发生剪切破坏；当扰动加载应变率为 $1.67 \times 10^{-4} \sim 2.50 \times 10^{-3}/s$ 时，试件主要发生劈裂破坏；当扰动加载应变率大于 $2.50 \times 10^{-3}/s$ 时，试件主要发生爆裂破坏。

（4）扰动加载应变率在较低范围时，试件碎片以小粒径为主；扰动加载应变率在较高范围时，试件碎片粒径随着扰动加载应变率的增大呈先增大后减小的趋势。试件碎片质量分维主要受扰动加载控制，与静载关系不大；试件破坏碎片质量分维值与扰动加载应变率呈二次函数关系，存在扰动加载应变率极值使试件破坏程度达到最大，5.10 kN 和 10.2 kN 静载条件下使试件破坏程度达到最大的扰动加载应变率约为 $2.8 \times 10^{-3}/s$。

（5）从煤岩力学性质、声发射特征、动态破坏特征、冲击碎片特征 4 个角度阐述了扰动加载型冲击地压发生机制，提出了以扰动加载下的试件抗压强度、能量输入速率模式、破坏形式、碎片质量分维 4 个指标作为评价煤岩体是否具备扰动加载型冲击危险的指标，但指标阈值需进一步研究。

4 "扰动—冲击"致灾系统失稳机理

4.1 扰动触发冲击地压的演化过程与"扰动—冲击"致灾系统

4.1.1 扰动加载型冲击地压的演化过程

扰动加载型冲击地压的演化过程是回答此类冲击地压如何发生的。一般情况下，任何事物或现象都会经历孕育、发生、发展到终止的转变过程，扰动加载型冲击地压也不例外。下面对扰动加载型冲击地压的演化过程进行定性分析，认为这类冲击地压从无到有要经历孕育、触发、发展、终止4个阶段。其中，冲击地压的发展阶段有可能出现多次冲击诱发大能量矿震、矿震再次触发冲击地压、冲击地压再次发展的多次循环。图4-1为扰动加载型冲击地压演化过程图。

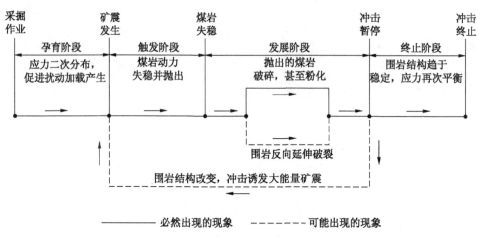

图 4-1　扰动加载型冲击地压演化过程

1. 孕育阶段

巷道掘进或工作面开采打破了围岩的原始应力平衡，煤岩体原岩应力因采掘作业发生积聚和转移，工作面或巷道围岩因此发生应力集中。这种现象在工作面前方和两侧，以及一些地质构造集中区域表现得尤为突出，往往会在工作面前方或两侧形成一个支撑压力极限平衡区，提高了工作面附近的静载应力。与此同时，工作面开采迫使围岩结构发生改变，顶板硬岩可能由于悬顶过长而趋于破断和垮落，断层"活化"程度逐渐加剧，这为扰动加载的形成提供了有利条件。以上现象为冲击地压的发生奠定了前期的孕育条件，故称这一阶段为扰动加载型冲击地压的孕育阶段。

2. 触发阶段

经历冲击地压孕育阶段的煤岩体，其应力和变形已经接近发生破坏的临界值，此时远场发生矿震，对工作面附近煤岩体造成扰动加载，触发工作面附近煤岩体破裂并失去部分承载能力，发生冲击失稳。煤岩体中储存的弹性能迅速释放，导致失稳煤岩体快速破坏并向自由面抛出，冲击孔洞形成。从矿震发生到煤岩体发生破坏并向自由面抛出，且冲击孔洞初步形成的阶段称为扰动加载型冲击地压的触发阶段。

3. 发展阶段

触发了冲击地压之后，此时的工作面或巷道附近围岩暂时并未形成稳定结构，由于冲击孔洞的初步形成，孔洞内壁应力遭受突然卸载，作用于已经发生一定破碎的煤岩体上，迫使煤岩体发生剧烈破坏并向自由面抛出，冲击孔洞扩大。同时，冲击孔洞扩大过程中也会为应力释放和煤岩体破碎提供良好条件，其中煤岩体破碎程度取决于应力释放量和释放速度。还有另一种可能，集中的高应力大部分会向冲击孔洞的自由面转移和释放，但也可能存在部分应力由于力的反弹作用和破碎煤岩堆积作用背向自由面转移，当背向自由面转移应力过大时会造成冲击孔洞深处，尤其是孔洞上方发生纵向破裂，这种情况通常发生在冲击地点围岩构造集中、岩性较脆等条件下。

在扰动加载型冲击地压发展阶段的后期，如果发生上述围岩纵向破裂的情况，尤其是在围岩结构不均衡，断层构造发育、有坚硬顶板存在的条件下，有可能由于应力反向作用再次发生矿震，矿震一旦发生又回到了冲击地压的触发阶段，如此循环，矿震、冲击地压相互诱发和触发，直到反向应力不能诱发矿震，同时矿震应力波也不能触发冲击地压时，冲击地压才会暂停。以上分析的阶段称为扰动加载型冲击地压的发展阶段。

4. 终止阶段

冲击地压的终止阶段是指冲击地压暂停后，发生冲击地压的煤岩结构逐渐趋于稳定，应力再次恢复到平衡的过程。这一阶段不会再有大范围煤岩体破碎和煤岩体结构失稳，也不会再次诱发矿震和再次触发冲击。

以上对扰动加载型冲击地压的演化过程作出了定性阐述，前文已对扰动加载型冲击地压发生的第一阶段，即孕育阶段进行了详细分析，作者将针对扰动加载型冲击地压发生第二、第三阶段，即触发阶段和发展阶段进行全面分析，将矿震扰动和冲击地压的发生视为一个系统，研究系统整体发生冲击失稳的能量作用条件，以期为后续的冲击地压预测和防治等提供理论支撑。

4.1.2 震动扰动对冲击地压的作用

上述研究已经说明冲击地压按应力作用时间可分为两大类：一类是由于煤岩体自身应力过高，超过其极限强度引发的蠕变型冲击地压；另一类是高应力环境下的煤岩体在断层活化、坚硬顶板断裂、人工爆破、机械震动扰动等条件下发生的扰动加载型冲击地压。本文所涉及的冲击地压类型属于后者。下面分析扰动加载型冲击地压发生过程中，矿震和冲击地压二者的相互作用关系。

图 4-2 为矿震与冲击地压的相互作用关系示意图，据此认为矿震扰动对触发冲击地压具有诱发和主导两个方面的作用。

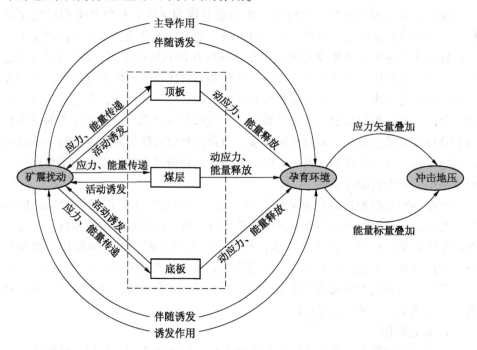

图 4-2　矿震与冲击地压相互作用关系

1. 诱发作用

巷道掘进或工作面开采造成围岩应力升高，其应力升高值已经超过煤岩体初始应力，最大应力集中系数可达到3~4，甚至更大，此时的煤岩体虽然未发生冲击地压，但承受的应力值已接近煤岩体发生破坏的临界应力值。此时远场如果发生大能量震动事件，震动应力会通过煤岩体介质向工作面或巷道附近转移，当然，转移过程中也存在一定的耗散，最终与工作面附近的高静载应力叠加，这时即使微小的应力增量也可能诱发高应力区煤岩体破坏而发生冲击地压。这种冲击地压主要发生在孤岛或半孤岛工作面开采，复杂褶曲构造区域开采等情况。冲击地压发生时，矿震起到诱发作用。

2. 主导作用

任何巷道开挖或工作面开采都会引起一定程度的应力集中，但通常情况下现场会采取爆破卸压、煤层注水、大直径钻孔卸压等措施进行预卸压处理，所以，相当情况下由于开采造成的围岩应力集中程度并不会太高，也远不能达到煤岩体发生冲击破坏的临界应力值。此时如果远场发生大能量震动事件，大能量震动产生的震动应力和能量经煤岩介质传递、损耗后，到达工作面或巷道附近剩余的能量或应力依然很大，这时较大的应力增量与工作面开采形成的高应力叠加，达到其冲击破裂的极限强度，触发冲击地压。这种冲击地压主要发生在煤层顶板存在坚硬巨厚岩层、具有典型断层构造等情况时。冲击地压发生时，矿震起到主导作用。

4.1.3 "扰动—冲击"致灾系统模型的建立

根据以上分析的矿震与冲击地压的相互作用关系,认为扰动加载型冲击地压不能对发生冲击显现的区域进行单一研究，要把矿震扰动区域、矿震震动波传播路径和冲击地压显现区域看作一个整体来研究。因此，建立扰动加载型冲击地压发生的"扰动—冲击"致灾系统模型，并以此模型作为研究对象进行后续研究，如图4-3所示。

以"扰动—冲击"致灾系统模型作为研究对象摒弃了以往在冲击地压研究中只对冲击源区进行单一研究的方法，将矿震发生、震动能量传播和冲击地压显现视为一个整体，分别明确系统中个体的作用及其与系统整体的关系，进而掌握冲击源区发生冲击显现的本质原理，为此类冲击地压的预测和防治提供理论指导。

4.2 "扰动—冲击"致灾系统失稳的扰动能量作用原理

4.2.1 弹靶撞击与扰动冲击原理类比

子弹从枪体射出到击中目标的过程实质上是枪体、子弹、靶体之间高速作用

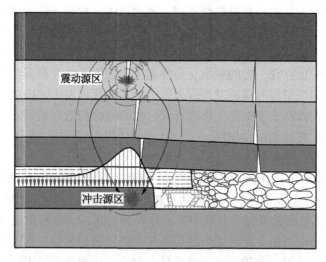

图 4-3 "扰动—冲击"致灾系统模型

并发生动量、能量急速交换的过程。弹道专家对子弹弹射过程进行了长期研究，认为子弹的"冲击能量因子"是导致靶体发生不同程度变形和贯穿现象的关键特征参数。下面先对子弹弹射的"冲击能量因子"进行简要推导说明。

钱七虎等认为物体撞击的运动方程为

$$\begin{cases} m_D h'' = -F_D \\ h_{t=0} = 0 \\ h'_{t=0} = v_0 \end{cases} \tag{4-1}$$

式中 m_D——子弹质量；

h——靶体发生的变形；

F_D——靶体对子弹的抵抗阻力；

t——弹体与靶体的接触时间；

v_0——子弹初始速度。

对式（4-1）积分得式（4-2）：

$$\frac{1}{2} m_D v_0{}^2 = \int_0^{h_{max}} F_D(h)\, \mathrm{d}h \tag{4-2}$$

式中 h_{max}——靶体最大变形量。

对式（4-2）作量纲一化处理得式（4-3）：

$$\int_0^{h_{max}} \overline{F_D}\, \mathrm{d}\, \bar{h} = \frac{m_D v_0{}^2}{2\sigma_R d^3} = \frac{2\pi \rho_D v_0{}^2}{3\sigma_R} = I_B \tag{4-3}$$

式中　$\overline{h}$、$\overline{F_D}$——h、F_D 的量纲一化参数；

　　　σ_R——靶体的动力屈服强度；

　　　d——子弹直径；

　　　ρ_D——子弹密度；

　　　I_B——冲击能量因子。

需要特殊说明的是，σ_R 为靶体的动力屈服强度，它是衡量靶体受复杂作用时综合抵抗能力的参数，后续对于煤岩失稳的研究中，σ_R 可用煤岩体的三维抗压强度来代替；$\rho_D v_0^2$ 是能量传输密度。

式（4-3）中的 I_B 为弹道工程中衡量子弹弹射撞击靶体而发生不同程度变形效应的重要参数，即子弹的"冲击能量因子"，从式中可以看出，I_B 反映了子弹冲击能量的传输能力。弹道工程专家已经建立了统一的靶体破坏效应（可影射为煤矿冲击源的冲击破坏效应）的量纲一化形式，见式（4-4）。

$$\frac{h_{max}}{d} = \lambda_1 \lambda_2 f\left(I_B, \frac{\sigma_d}{\sigma_R}, \frac{H_d}{\sigma_R}\right)$$

$$H_d = (3 \sim 3.5\sigma_R) \tag{4-4}$$

式中　λ_1——子弹的形状系数；

　　　λ_2——子弹的比例换算系数；

　　　f——靶体破坏效应的量纲化函数；

　　　σ_d——动载荷；

　　　ρ_B——靶体密度；

　　　H_d——动力硬度。

由以上分析可以得出，冲击能量因子 I_B 是主导弹体对靶体破坏效应及形式的关键特征参数，即靶体受弹体撞击破坏或侵入深度取决于冲击能量因子 I_B。这为煤矿地下工程中高应力巷道或工作面附近煤岩体因外部震动扰动产生大变形或冲击破坏效应提供了研究思路。子弹弹射撞击靶体与上一节建立的"扰动—冲击"致灾系统具有原理上的相通性，如果将枪体扳机扣射的瞬间比作煤矿震动扰动产生的瞬间，子弹的弹射过程可以看作矿震震动能量传输过程，子弹与弹靶撞击并产生不同程度的破坏效应即可看作扰动加载下工作面或巷道附近发生不同程度的冲击地压。弹靶撞击与扰动冲击原理类比分析如图4-4所示。

4.2.2　扰动能量因子的提出及分析

1. "扰动—冲击"致灾系统的冲击能量因子

参照弹道工程的弹靶撞击原理，对于煤矿巷道或工作面受震动扰动触发冲击

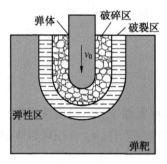
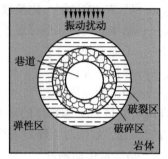

(a) 子弹撞击弹靶   (b) 扰动触发冲击

图 4-4　弹靶撞击与扰动冲击原理类比分析

地压的现象进行研究，其岩块运动方程可写作式（4-5）：

$$m_R u'' = -F_R$$
$$u_{t=0} = 0$$
$$u'_{t=0} = v_{R0}$$

$$(4-5)$$

式中　m_R——造成震动扰动的岩体质量；

u——冲击源煤岩体在扰动加载下产生的位移；

F_R——冲击源煤岩体的破坏阻力。

假设地下煤岩体的"扰动—冲击"致灾系统由多个块状立方体岩石组成，则冲击地压的发生可以看作是冲击源区岩块沿其软弱结构或自由面的摩擦移动现象，那么冲击源的破坏阻力 F_R 为岩块之间相互作用的摩擦力，其表达式可用式（4-6）表示，"扰动—冲击"致灾系统中岩块之间的相互作用方式如图 4-5 所示。

$$F_R = (\mu_R \sigma_R + C_R) S = (\mu_R \sigma_R + C_R) mnl^2 \qquad (4-6)$$

式中　μ_R——摩擦因子；

σ_R——冲击岩块与扰动岩块在接触面上的正应力；

C_R——冲击岩块与扰动岩块的黏聚力系数；

S——扰动源与冲击源作用岩块的面积；

l——立方体作用岩块边长；

mn——参与相互作用的岩块数目。

假设在 $t=t*$ 时刻，在外部震动扰动作用下，地下岩块达到发生破坏的极限强度及位移，那么，极限位移 $u_{t=t*} = u*$，煤岩体破坏之前的冲击源岩块运动平均速度 $\bar{v}$ 见式（4-7）。

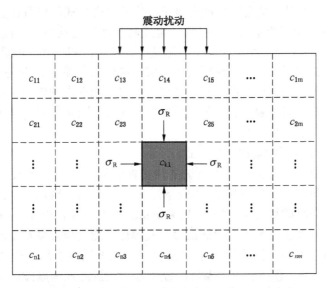

图 4-5 "扰动—冲击"系统岩块相互作用运动方式

$$\bar{v} = \frac{1}{t*}\int_0^{t*} v\mathrm{d}t \tag{4-7}$$

将冲击源位移 u 按二阶偏导数展开，即 $u'' = \dfrac{\partial^2 u}{\partial t^2} = \dfrac{\partial}{\partial u}\left[\left(\dfrac{\partial u}{\partial t}\right)^2\right] = \dfrac{\partial v^2}{2\partial u}$，将其代入式（4-5），对其积分，同时令 $\varepsilon* = u*/l$，并命名其为极限应变量，它是表征冲击源发生最大变形能力的参数，可得式（4-8）。

$$\varepsilon* = \frac{m_R \bar{v}^2}{2n(\mu_R\sigma_R + C_R)l^3} = \frac{\rho_R \bar{v}^2}{2R_C}$$
$$R_C = n(\mu_R\sigma_R + C_R) \tag{4-8}$$

式中 ρ_R——扰动源的岩体密度；

R_C——冲击源岩体运动的摩擦阻抗。

由式（4-8）可以看出，其形式与式（4-3）中的冲击能量因子 I_B 具有极大的相似性，函数的物理意义都可表征能量（军工中的子弹冲击能量和煤矿中的震动扰动能量）的传输能力，故将其定义为地下工程中的冲击能量因子 I_S，见式（4-9）。

$$I_S = \frac{m_R \bar{v}^2}{2n(\mu_R\sigma_R + C_R)l^3} = \frac{\rho_R \bar{v}^2}{2R_C} \tag{4-9}$$

结合以上分析可以得出，当"扰动—冲击"致灾系统的冲击能量因子 I_S 超

过其临界阈值 $\varepsilon *$ 时，就会发生冲击地压。当然，由公式可以看出其物理意义与弹道工程中的"冲击能量因子"一样，也反映扰动体运动引发的能流密度大小。事实上，当 $I_S \geqslant \varepsilon *$ 时，冲击源发生剪切破坏并产生滑移，此时的静摩擦因子 μ_R 将会变成动摩擦因子 μ_{RD}，接触面或冲击破坏面的摩擦系数将变为 0。所以，认为冲击源岩体的抗剪强度在此过程中会经历由静态到动态的转变，这与第 3 章的实验结果及分析具有一致性，也说明单纯静载下的实验参数对于评价扰动加载型冲击地压具有一定的局限性。

2. 扰动能量因子的提出及表达式

以上对"扰动—冲击"致灾系统的冲击能量因子进行了研究，但对于明确系统失稳的能量作用原理还存在一定距离，故继续查阅资料发现，俄罗斯科学院西伯利亚研究分院矿物研究所的 M. V. Kurlenya 和 V. N. Oparin 在对金属矿岩爆灾害的研究中，开展了大量现场爆破试验，发现爆破能量与岩爆发生的地质体之间存在一定的对应关系，据此提出了爆破扰动下地下硐室岩爆发生的量纲—化条件，见式 (4-10)。但是，这个条件的提出基于大量的现场爆破试验数据，当时并未明确其物理意义。

$$k = \frac{W}{MC_P^2} \tag{4-10}$$

式中　W——爆心的扰动能量；

　　　M——爆心质量；

　　　C_P——爆破纵波波速。

认为当 $k \geqslant (1 \sim 4) \times 10^{-11}$ 或 $k = (1 \sim 4) \times 10^{-9}$ 时，地下开挖结构将发生整体性失稳，即当满足以上两种条件中的任意一种条件时，系统中岩块块系之间克服摩擦力而发生相互脱离现象，岩爆或冲击地压爆发。

对于煤矿震动扰动触发冲击地压而言，式 (4-10) 可以写成式 (4-11)。

$$k = \frac{U_{DZ}}{MC_P^2} = \frac{\alpha U_{JZ}}{MC_P^2} \tag{4-11}$$

式中　U_{DZ}——煤矿中震动扰动产生的能量；

　　　U_{JZ}——静载能量（地下硐室开挖后累计弹性能）；

　　　α——矿震作用系数。

对比"扰动—冲击"致灾系统的冲击能量因子 I_S 和上述 k 值表达式，发现二者存在一定关系，经过推导得出二者的关系，见式 (4-12)。

$$I_S = \frac{k}{\dfrac{R_C}{\rho c_P^2}} \tag{4-12}$$

如果认为 $R_C/\rho c_P{}^2 = \varepsilon *$，则式（4-12）变为 $I_S = k/\varepsilon *$，再令等效平均应变 $\bar{\varepsilon} = \bar{v}/c_P$，可以进一步推导得出二者的关系，见式（4-13）。

$$k = \frac{\bar{\varepsilon}^2}{2} = (\varepsilon *)^2 = I_S^2 \tag{4-13}$$

根据以上分析，定义俄罗斯科学家提出的 k 值表达式为"扰动—冲击"系统的"扰动能量因子"，是系统冲击失稳的关键特征参数，可以看出，其物理意义也是表达扰动能量的能流密度。但目前仍然存在另一个关键问题是 U_{DZ} 的表达问题，只有确立 U_{DZ} 的量值或表达式，才能判别"扰动—冲击"系统失稳的条件。

4.2.3 震动扰动的等效均化动能

地下煤岩体是复杂的天然地质体，冲击地压发生的本质是地下煤岩介质的"连续—非连续"转变过程，在震动扰动的作用下并没有固定的运动模式，常规受力分析难以获得详尽的动力参数，且参与运动的质点岩块数目较大，成为无法求解的力学问题。针对这种情况，采用物理学中的统计物理方法，将系统中参与运动的质点岩块作均值化处理，从质点运动动能角度构建扰动子系统的等效均化动能的表达式。从等效均化动能角度分析质点岩块的运动模式为其表达式的构建和计算提供较大方便，如能量作为一种特殊的物理量具有其他物理量少有的标量可加性。

煤矿过工作面开采或巷道开挖，在工作面或巷道附近形成一个固定常数的能量聚积区，研究中默认该能量聚积区是稳定的、静载荷条件下的，用字母 U_{JZ} 表示。该定常场主要由自重能量场、构造能量场、采动能量场组成，即 $U_{JZ} = U_Z + U_G + U_C$。煤层上覆坚硬顶板断裂、断层活化和错动、人工爆破等会对该稳定的定常场施加一个震动扰动，在这一震动扰动作用下的岩块受力可用式（4-14）表示。

$$f_i = f_{i1}\cos(\omega_r t) + f_{i2}\sin(\omega_r t) \tag{4-14}$$

式中　f_1——震动波横波的振幅；

　　　f_2——震动波纵波的振幅；

　　　ω_r——震动波频率。

将式（4-14）周期函数用正余弦傅里叶级数表示为式（4-15）。

$$f_i(t) = \sum_{n=1}^{\infty} [f_{i1n}\cos(n\omega_r t) + f_{i2n}\sin(n\omega_r t)] \tag{4-15}$$

对于整个"扰动—冲击"系统，其拉格朗日函数可表示为式（4-16）。

$$L = \frac{1}{2}\sum_{i,k=1}^{m} b_{ik}(q)q'_i q'_k - U_{JZ}(q) \tag{4-16}$$

式中 　　　　　　　　q_i——第 i 个运动质点；

　　　　　　　　　　b_{ik}——运动质点的函数；

$\dfrac{1}{2}\displaystyle\sum_{i,\,k=1}^{m}b_{ik}(q)q'_i q'_k$ ——系统动能；

　　　　　　　　　　$U_{JZ}(q)$——静载定常场。

在拉格朗日函数中对 q_i 求偏导，建立系统运动方程，可得式（4-17）。

$$\sum_{k=1}^{m}b_{ik}(q''_k)=\frac{\partial U_{JZ}}{\partial q}+f_i \tag{4-17}$$

假如将系统岩块的运动形式等效为一个相对稳定的大震动与一个小振幅震动组合相加的形式，即 $q_k(t)=Q_k(t)+\xi_k(t)$，$Q_k(t)$ 为变化相对较小的稳定震动，$\xi_k(t)$ 为具有一定变化的小震动（频率为 ω），此时均值化 $q_k(t)$，可近似表达为$\overline{q_k(t)}=\overline{Q_k(t)}$，代入式（4-17），可得式（4-18）。

$$\sum_k b_{ik}(Q''_k+\xi''_k)=-\frac{\partial U_{JZ}}{\partial Q_i}-\sum_k \xi_k \frac{\partial^2 U_{JZ}}{\partial Q_i \partial Q_k}+f_i(Q,\,t)+\sum_k \xi_k \frac{\partial^2 f_i}{\partial Q_k} \tag{4-18}$$

可以看出，式（4-18）包含了稳定震动项和非稳定小震动项，将其分离，可得稳定震动项，将其均化处理并代入（即$\overline{\xi_k}=0$，$\overline{q_k}=Q_k$），可得式（4-10）；非稳定小震动项，将其积分处理，可得式（4-20）。

$$\begin{cases}\displaystyle\sum_k b_{ik}Q''_k=\frac{\partial U_{JZ}}{\partial Q_i}-\frac{1}{2\omega^2}\frac{\partial}{\partial Q_i}\left(\sum_{k,\,n}a_{kn}^{-1}\overline{f_i f_k}\right)=-\frac{\partial U_{val}}{\partial Q_i}\\[3mm]\displaystyle U_{val}=U_{JZ}+\frac{1}{2}\sum_{i,\,k}b_{ik}\overline{\xi'_i \xi'_k}\end{cases} \tag{4-19}$$

式中 　U_{val}——"扰动—冲击"系统等效有效总能。

$$\sum_k b_{ik}\xi_k=-\frac{1}{\omega^2}f_i(Q,\,t) \tag{4-20}$$

由式（4-19）可以看出，静载能量场 U_{JZ} 中的能量正是震动扰动引发的岩块震动动能的平均值，震动扰动等效均化动能 U_{DZ} 的表达式见式（4-21）。

$$U_{DZ}=U_{val}-U_{JZ}=\frac{1}{2\omega^2}\sum_{i,\,k}a_{ik}^{-1}\overline{f_i f_k}=\sum_{i,\,k}\frac{a_{ik}}{2}\overline{\xi'_i \xi'_k} \tag{4-21}$$

如果扰动子系统中质点岩块是朝向冲击源的一维直线运动，则式（4-21）可表达为式（4-22）。

$$U_{DZ}=\frac{M_R \bar{v}^2}{2}=\frac{\bar{f}^2}{2M_R \omega^2} \tag{4-22}$$

式中 M_R——扰动子系统质量;

$\bar{v}$——扰动子系统质点等效平均运动速度;

ω——等效的非稳定小震动频率。

可以看出,对"扰动—冲击"系统中扰动子系统的扰动动能作等效均化处理后,形象地将静载能量场 U_{JZ} 附加另一个定常场,该附加定常场正比于等效非稳定小震动频率的平方,即正是这一等效扰动的定常场 U_{DZ} 施加在静载能量场 U_{JZ} 上,触发了扰动加载型冲击地压。

4.2.4 系统失稳的扰动能量作用条件

系统冲击动力失稳最主要的原因是由于地下井巷或工作面开挖造成的,假设煤矿工作面或巷道开挖造成的扰动作用力为式(4-23)。

$$F_{RD} = -\sigma_c S e^{-\beta t} \cos(\omega t) \tag{4-23}$$

式中 σ_c——初始地应力;

S——硐室表面积(以下分析以圆形巷道为例);

β——衰减系数,为方便分析假设 $\beta = 0$;

ω——频率。

将式(4-23)代入式(4-22),则由于开采造成震动扰动载荷为式(4-24)。

$$\begin{cases} U_{DZ} = \dfrac{F_{RD}^2}{4 M_F \omega^2} \\ F_{RD} = \sigma_c S \end{cases} \tag{4-24}$$

式中 M_F——参与围岩破坏区域的质量。

将式(4-24)代入式(4-11)中,同时结合 $\omega = C_P/(2r_0)$,可得式(4-25)。

$$\sqrt{k} = \frac{F_{RD}}{2 M_F \omega C_P} = \eta \frac{\sigma_c}{\rho C_P^2} \frac{M_0}{M_F} \tag{4-25}$$

式中 M_0——挖空硐室的质量;

η——形状系数。

再联立式(4-25)与扰动能量因子表达式[式(4-12)]可得式(4-26),其中 V_h 为开挖巷道的体积,V_S 为参与破坏的煤岩体积。

$$\alpha U_{JZ} = \eta^2 \frac{\sigma_c^2}{\rho C_P^2} V_h \frac{V_h}{V_S} \tag{4-26}$$

圆形区域开挖造成的静载弹性能累计 U_{JZ} 可用式（4-27）表示，设 $\nu = 0.2$；$\frac{V_h}{V_h + V_S} = 0.2$。

$$\begin{cases} U_{JZ} = \iiint\limits_V U' dV = \kappa \dfrac{1}{2K} \sigma_c^2 V_S \\[2mm] \kappa = 1 + \dfrac{2(1+\nu)}{3(1-2\nu)} \left(\dfrac{V_h}{V_h + V_S} \right) \\[2mm] K = \dfrac{E}{3(1-2\nu)} \end{cases} \quad (4-27)$$

则根据式（4-12）、式（4-24）、式（4-27）可以推导出式（4-28）。

$$\alpha = \frac{2}{3\kappa} \left(\frac{1+\nu}{1-\nu} \right) \left(\frac{\sqrt{k}}{\sigma_0} \rho C_P^2 \right)^2 \quad (4-28)$$

可以看出，α 取值受扰动能量因子与初始能量密度共同影响，此时将"扰动—冲击"致灾系统发生冲击时的扰动能量因子取值范围代入式（4-28），可计算得出 α 的取值范围 0.0235~0.0893。据此推断，若要发生扰动加载型冲击地压，那么，作用于冲击源区的扰动能量要达到冲击源区静载能量的 2%~9%。

4.2.5 算例验证及对工程的指导作用

1. 算例验证

以东滩煤矿、红阳三矿、赵楼煤矿曾发生的 3 次由于震动扰动触发的冲击现象为算例进行计算，验证理论推导的准确性。在计算过程中，矿震震动能量传播按照相关资料所指出的衰减形式，见式（4-29）。计算过程及结果见表 4-1。冲击源区静载能量根据煤层所处区域的应力环境进行估算。

$$E = E_0 e^{\eta L} \quad (4-29)$$

式中 E_0——矿震能量，J；

$\quad$ E——作用于冲击源的矿震能量，J；

$\quad$ η——震能衰减指数；

$\quad$ L——震源与冲击源的距离，m。

经过计算和分析可以看出，以东滩煤矿、红阳三矿、赵楼煤矿发生的 3 次冲击现象为背景计算的 α 值分别为 0.0734、0.0356、0.0597，满足理论推导的结果，印证了理论推导的准确性。

2. 工程指导作用

扰动加载型冲击地压多发典型矿区主要有山东兖州矿区、辽宁抚顺矿区、河南义马矿区等。这类矿区的工作面开采中往往伴随着大能量震动事件频发，通常也具有诱发大能量震动的硬厚顶板条件或影响整个矿区开采的典型大断层条件等，如山东兖州矿区特有的覆岩"红层"分布条件，辽宁抚顺矿区的F1断层分布条件，河南义马矿区的F16断层和上覆硬厚砾岩分布条件等。矿震能量向工作面或巷道区域传播其实质是能量衰减的过程，衰减指数与围岩性质相关，目前，我国很多专家通过理论推导、爆破试验等方法研究了各种性质煤岩体的震能衰减指数，工程中通过微震定位也可基本明确工作面或巷道与震源区的距离，结合二者就可以大致推断出矿震作用于冲击源区的能量。工作面附近的静载能量可通过应力监测等结果计算出来。将二者进行对比，判别其比值是否在"扰动—冲击"系统失稳的扰动能量作用条件范围内，如果在其范围内，则存在冲击危险，反之则不存在冲击危险；同时可以借鉴类似或邻近工作面开采中矿震发生的经验，预判该区域可能发生的矿震能量级别及层位，从而进行理论计算，指导工程实践中进行防震减灾。

表4-1 震动扰动触发冲击地压算例

编号	矿井名称	东滩煤矿	红阳三矿	赵楼煤矿
1	发生时间	2015年2月26日 20时26分3秒	2017年11月11日 2时26分39秒	2015年7月29日 2时49分33秒
2	发生地点	$43_{上}13$工作面	702工作面	1305工作面
3	现象描述	工作面轨道巷161 m范围发生300~1000 mm片帮	工作面回风巷煤壁前方218.3 m全部被煤岩充满	轨道巷顶板约15 m范围网兜冒漏，两帮45 m范围移近3 m，40 m范围底鼓量为0.5~1 m之间
4	静载能量/J	$1.22×10^7$	$4.21×10^7$	$7.96×10^7$
5	矿震震级	2.02	2.4	2.3
6	矿震产生的能量/J	$2.20×10^6$	$2.61×10^6$	$2.51×10^6$
7	震源与冲击源的距离/m	90.15	55.72	76.43
8	震能传播衰减指数 η	−0.01	−0.01	−0.01
9	作用冲击源震能/J	$8.93×10^5$	$1.50×10^6$	$1.17×10^6$
10	$\alpha=U_{DZ}/U_{JZ}$	0.0734	0.0356	0.0597

4.3 "扰动—冲击"系统二次触发失稳作用原理

4.3.1 "红层"分布的工程背景

对东滩煤矿工作面开采中的 2.0 级以上震动事件进行调查分析发现如下规律：在一次大能量矿震发生后，在接下来的 24~36 h 之内有时也会发生第二次大能量震动事件，且震级往往与第一次的震级相差不多，第二次震动事件同样存在触发冲击地压的危险。因此，第一次震动事件或冲击地压发生后意味着灾害终止或暂停还有待商榷，同时也有必要对扰动加载型冲击地压的暂停、二次触发与终止机制进行接续性研究。

兖州矿区东滩煤矿六采区、鲍店煤矿十采区、南屯煤矿九采区近几年微震监测结果和微震发生区域的地质资料都表明，大能量震动事件或冲击地压的一次和二次触发现象往往都与煤层上方的一组紫红色、杂色砂岩、砾岩及泥岩组成的沉积岩层有关，这些岩层被通俗地称为"红层"。"红层"厚度从几十米到几百米不等，一般处于煤层上方几十米到一百多米，是大能量震动事件发生的关键岩层。"红层"厚度较大且较为坚硬，采动影响下发生的断裂往往不彻底，而冲击地压不仅是一种灾害，也对上覆不稳定"红层"造成强烈扰动；同时冲击地压发生时煤岩体抛出，形成冲击孔洞和松软煤岩，为上覆岩层运动提供较大的自由空间和条件，在以上两方面因素的共同作用下，"红层"可能发生二次破断，故也有可能触发二次冲击地压。以上仅仅是对冲击地压二次触发现象的宏观分析，接下来将对受高位硬厚岩层影响下，冲击地压二次触发的机制做更详尽的探讨。

在揭示"红层"条件下冲击地压二次触发原理之前，首先对兖州矿区高位"红层"的力学性质进行分析。采集 91 组典型"红层"岩样进行了抗压、抗拉、抗剪强度测试，结果见表 4-2。由表 4-2 可以看出，在"红层"中，粉细砂岩由于胶结致密且坚硬，具有较高的抗压和抗拉强度，为中等强度岩石；中粗砂岩由于孔隙发育，胶结疏松，抗压抗拉强度低，大部分胶结疏松的中粗砂岩属于软弱岩层，"红层"中砾岩属于坚硬岩层。根据以上测试结果，总体上认为"红层"属于坚硬岩层，综合强度可以达到 70 MPa，其表现出来的坚硬岩层性质可能与砾岩赋存有较大关系。

表4-2 兖州矿区"红层"岩性组成及参数测试结果

岩性	抗压强度/MPa	抗拉强度/MPa	抗剪强度/MPa
泥岩	19.22	1.26	3.54
粉砂岩	46.40	2.02	5.50
细砂岩	45.29	2.19	3.70
中粗砂岩	30.22	1.10	2.96
砾岩	80.57	2.50	7.73

4.3.2 系统冲击的二次触发失稳原理

对"红层"条件下冲击地压的二次触发机制进行分析，认为主要存在以下2种扰动加载型冲击二次触发机制：一种为"红层"剪切破断二次触发冲击；另一种为"红层"滑移沉降二次触发冲击。

1. "红层"岩块剪切破断二次触发冲击地压原理

工作面开采或巷道掘进，对上覆高位"红层"造成扰动，"红层"破断诱发大能量震动，但由于"红层"厚度较大，破断时往往不彻底，形成岩层裂缝或未彻底断裂的岩块形成铰接结构。"红层"一次破断产生的震动能量传递到工作面附近触发了一次冲击地压后，巷道、煤壁或顶板瞬间形成大范围空腔，低位岩层发生迅速或缓慢冒落，加上一次冲击地压本身也是对围岩的强震动扰动，这为"红层"进一步破断和下沉提供了有效的动力条件和空间条件，如图4-6所示。由图4-6可以看出，"红层"与低位冒落岩层的离层空间增大（即 $h_2 > h_1$），"红

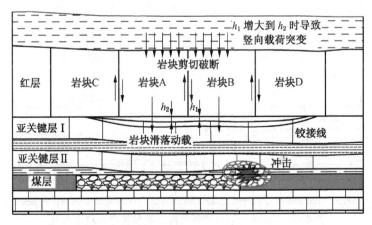

图4-6 "红层"岩块剪切破断二次触发冲击地压原理

层"岩块 A 和 B 已经或趋向于悬空状态,岩块之间作用的静摩擦力在上部岩层自重作用下难以保持其结构平衡,岩块沿诱发一次冲击地压的裂缝发生继续性剪切破断,这个过程再一次形成了"扰动—冲击"系统,当满足能量条件时,可能触发二次冲击地压。

2. "红层"岩块滑移沉降二次触发冲击地压原理

如图 4-7 所示,假如"红层"岩块 A、B 发生稳定下沉,其能量不足以二次触发冲击地压时,还存在另一种可能二次触发冲击地压的原理。岩块 A、B 沉降,与上方岩层形成离层,岩块 C、D 在顶部接近岩块 A、B 处产生高度应力集中,迫使其沿倾斜方向向采空区滑移错动的趋势增加,且岩块 A、B 下沉量越大,岩块 C、D 的滑移错动趋势越强烈。在靠近岩块 A、B 的支撑点位置产生强烈的应力集中,最终使岩块 C、D 发生倾斜的滑移沉降,"扰动—冲击"致灾系统再次形成,也可能触发冲击地压。另外由图 4-7 可以看出,岩块 C、D 的滑移造成其支撑范围越来越小,也会带动岩块 C、D 两侧的岩块随之错动,形成更为强烈的扰动加载,岩层移动线也因此发生外扩现象。

其实,不难看出,两种类型的二次冲击并不是独立的,而是具有相互影响、相互促进的关系。岩块 A、B 剪切破断下沉,增大了与岩块 C、D 的竖向距离,加剧了岩块 C、D 倾斜沉降的趋势;同时,岩块 C、D 滑移沉降会挤压岩块 A、B,增大了岩块 A、B 进一步下沉的趋势。两种作用相辅相成,互相促进。

综合以上研究发现,一次扰动加载型冲击地压的发生,并不一定代表冲击事件的结束,也不代表覆岩结构已经趋于稳定,或许只意味着扰动加载型冲击地压暂停,只有覆岩结构达到完全稳定时,才意味着扰动加载型冲击地压终止。

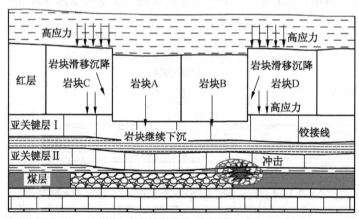

图 4-7 "红层"岩块滑移沉降二次触发冲击地压原理

4.4　本章小结

（1）明确了扰动加载型冲击地压发生的演化过程，掌握了震动扰动对冲击地压发生的作用，据此构建了扰动加载型冲击地压的"扰动—冲击"致灾系统理论模型。

（2）受弹靶弹射原理的启发，结合国内外相关研究提出了"扰动—冲击"致灾系统的"扰动能量因子"；利用统计物理方法推导得出震动扰动等效均化动能的表达式，最终获得"扰动—冲击"致灾系统失稳能量作用条件为作用于冲击源区的扰动能量达到其静载能量的2%～9%，并进行了实例计算与验证。

（3）针对兖州矿区覆岩"红层"分布的工程背景，阐述了"扰动—冲击"致灾系统发生二次冲击地压的原理，即"红层"岩块剪切破断和滑移沉降二次触发冲击地压原理，进而明确了"扰动—冲击"系统冲击失稳的暂停、二次触发与终止机制。

5　基于微震监测的工作面开采扰动强度特征

5.1　工作面开采时的微震发生特征

5.1.1　微震发生的时间序列特征

微震监测是目前煤矿开采中普遍应用的一种实时监测由开采诱发震动事件的有效手段。根据对微震监测结果的分析，可以有效地掌握大能量矿震发生的时间序列特征、空间演化特征、频次特征、采动应力分布特征、开采速度特征、开采进尺特征、支架阻力特征，以及推演区域构造演化特征等，从而为扰动加载型冲击地压预测准则的建立提供数据支撑。根据微震监测数据分别从上述角度分析工作面开采中的微震活动规律，首先分析工作面开采高能微震发生的时间序列、空间演化等特征。

图 5-1 为东滩煤矿 14310 工作面微震频次、能量随工作面推进距离和回采时间的变化关系。由图 5-1 可以得出如下规律：①大能量矿震发生前，微震频次和能量都迅速增加，维持在较高水平，大能量矿震发生后，微震频次和能量骤减；②大能量矿震发生前，微震频次往往先增加，然后急剧下降，最后又有缓慢增加的趋势；③微震能量和频次具有一定的周期性变化规律，平均周期约为 15 d，周期推进距离约为 60 m。

图 5-2 和图 5-3 分别为东滩煤矿 1305 工作面、14310 工作面开采期间的微震频次、能量统计结果。由图 5-2、图 5-3 可以看出，微震累计频次在时间上具有阶段性平衡特征，具体体现在 0~6 h、6~19 h、19~24 h 三个阶段平衡分布；微震累计能量在时间上具有集中分布特征，主要在 4 h、9 h、23 h 集中释放，这可能与开采活动有一定关系。

5.1.2　微震发生的空间演化特征

为分析工作面微震事件的空间演化特征，采集东滩煤矿 1305 工作面开采200 m 范围（经历 28 次周期来压）内的震源分布，将其水平投影到工作面平面图

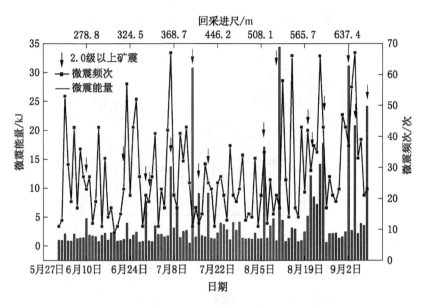

图5-1 震动频次、能量随时间和开采进尺变化

上，按照周期来压划分震源水平分布。由于数据较多，仅选取部分典型阶段的震源分布，如图5-4所示。

由图5-4可以看出，总体上，震源随着工作面向前推进逐步向前移动；工作面开采初期，微震频次较少，能量较低，随着工作面开采范围增加，煤壁前方应力集中区出现的震动频次和能量都增加，并且出现个别大能量微震，这说明随着工作面推进煤壁前方支撑压力增大，可能出现了大范围的顶板断裂；另外，也可以发现，采空区范围内的底板微震事件占大多数，但震动能量较低，说明开采后采空区底板会经历一段时间的应力缓慢释放和转移，最终达到平衡状态。微震平面分布图表明，震源主要集中在工作面前方、倾斜方向、采空区，分别体现超前支撑压力、侧向支撑压力和采空区残余压力的作用，说明应力集中区域煤岩破裂与震源分布具有良好的对应关系。因此可以利用微震监测预判工作面应力集中区和煤岩破裂范围及程度，如果再配合有效的钻孔检测措施，预判效果更加准确。

5.1.3 高能震动发生与 *b* 值的关系

统计东滩煤矿1305工作面开采期间发生的微震事件，结果表明1305工作面开采前5个月共发生微震事件3366次，日均震动事件23次，单日震动次数峰值103次。表5-1为工作面发生的各个能量级别微震事件统计结果，可以看出工

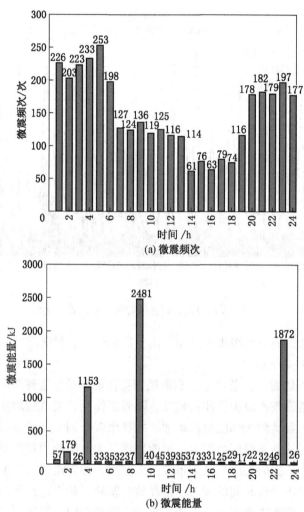

(a) 微震频次

(b) 微震能量

图 5-2 1305 工作面微震频次、能量统计结果

面开采中，主要以低能量震动事件为主，能量低于 10^3 J 的微震事件发生次数占总体微震事件发生次数的 92.7%，单次最大震动能量 2.3×10^6 J，震级 2.4 级。

表 5-1 1305 工作面微震事件统计结果

矿震能量/J	微震次数/次	比例/%
(0, 100]	1811	53.8
(100, 1000]	1309	38.9

表 5-1（续）

矿震能量/J	微震次数/次	比例/%
(1000，10000]	225	6.7
(10000，100000]	18	0.5
(100000，1000000]	0	0
(1000000，10000000]	3	0.1
合计	3366	100

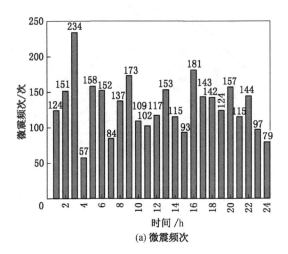

(a) 微震频次

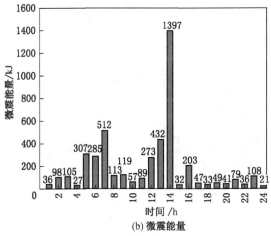

(b) 微震能量

图 5-3　14310 工作面微震频次、能量统计结果

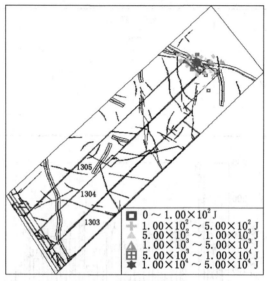

(a) 初次来压

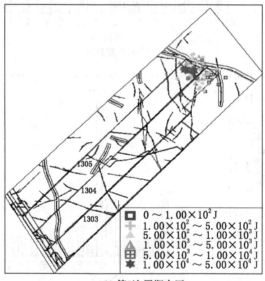

(b) 第2次周期来压

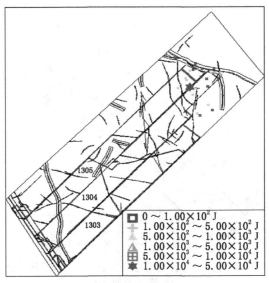

(c) 第3次周期来压

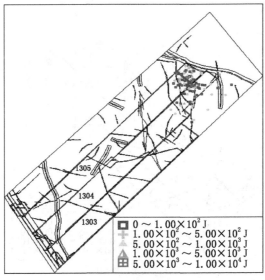

(d) 第4次周期来压

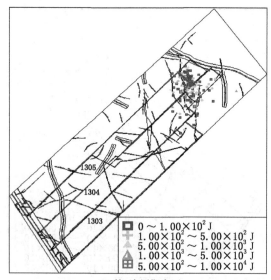

(e) 第5次周期来压

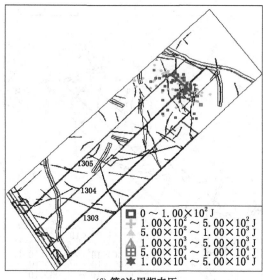

(f) 第6次周期来压

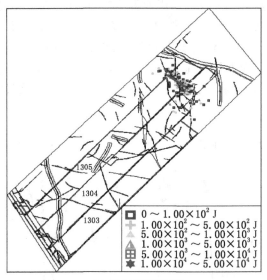

(g) 第 7 次周期来压

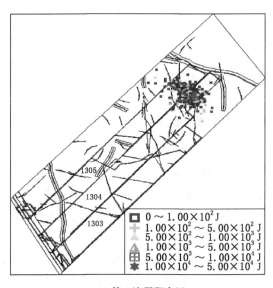

(h) 第 8 次周期来压

图 5-4 震源随工作面回采的水平分布

古登堡公式（也叫震级—频度关系式或 G—R 公式）中的 b 值可以有效描述高低能震动事件的比例关系，但需要强调的是，公式中的 b 值降低代表大能量震动事件比例升高，反之则相反。采用地震学中的"G—R"公式对1305工作面监测的微震事件进行处理分析，数据处理中使用5 d的时间窗，1 d的滑动步长，结果如图5-5所示。由图5-5可以看出，大能量震动事件几乎都发生在低b值或高低b值转折处，工作面开采前5个月的平均b值为0.612，据此推测大能量矿震发生前可能要经历"弱震密集—平静—强震发生"的转变过程。

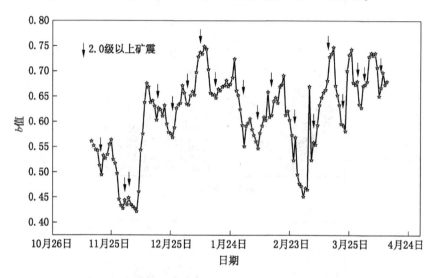

图5-5 大能量矿震前后b值特征

5.1.4 高能震动发生与支架阻力的关系

工作面开采中的任何动力现象都是特定地质条件下人为开采活动所诱发的，工作面微震活动自然也不例外。作者将微震监测数据和支架阻力相结合，对比分析大能量矿震发生前后工作面液压支架支护阻力的变化特征，进而明确大能量矿震发生前后的开采因素特征，据此预测大能量矿震，为扰动加载型冲击地压预测准则的建立提供支撑。

以东滩煤矿$43_{上}13$工作面开采期间（2015年2月12日、2月26日、6月9日、6月10日、7月7日、7月8日）发生的6次大能量矿震作为研究对象，分析大能量矿震爆发前后原始支架循环阻力的变化情况，以及大能量矿震连续发生的支架阻力特征等，如图5-6所示。

由图5-6a和图5-6b可以看出，大能量矿震通常发生在两组支架阻力长期大于安全阀开启值之间，且这两组支架阻力大于安全阀开启值的时间间隔为12~36 h。

由图 5-6c 和图 5-6d 可以看出，大能量矿震有时也会连续爆发，即第一次大能量矿震爆发后的 24 h 之内连续爆发第二次大能量矿震，且第二次矿震较第一次矿震释放的能量稍低。由图 5-6 也可以发现，大能量矿震发生前后的支架阻力曲线具有如下两项特征：①大能量矿震前后的支架阻力异常不稳定，支架阻力曲线振

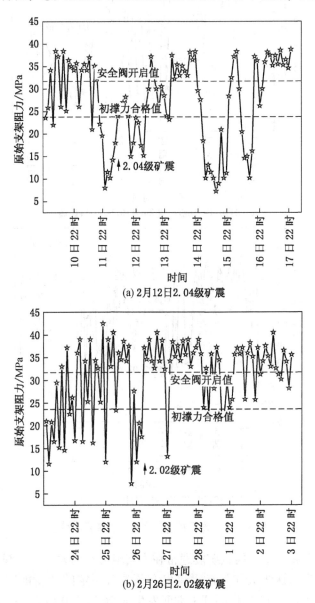

(a) 2月12日2.04级矿震

(b) 2月26日2.02级矿震

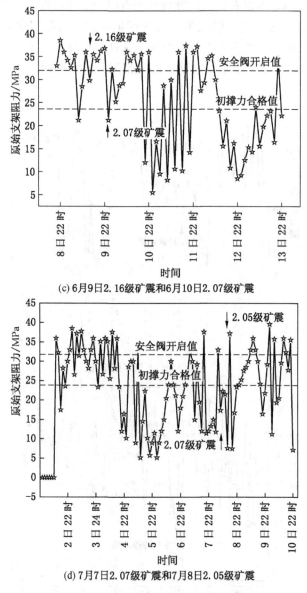

(c) 6月9日2.16级矿震和6月10日2.07级矿震

(d) 7月7日2.07级矿震和7月8日2.05级矿震

图 5-6 大能量矿震爆发前后支架阻力特征

幅增大，频率升高；②大能量矿震通常在支架阻力长期大于安全阀开启值期间的后期或之后发生，认为大能量矿震爆发必须具备一定的"蓄能"过程。除此之外，对东滩煤矿 43$_{上}$13 工作面开采期间发生的 26 次 2.0 级以上矿震进行统计发现，大能量矿震发生在支架阻力大于安全阀开启值期间的有 22 次，占总数的 84.6%；发生在两组支架阻力大于安全阀开启值之间的有 4 次，占总数的 15.4%。因此，可将支架阻力安全阀开启值作为大能量矿震爆发的一个预判信号，进而指导防震减灾。

5.2 采动应力对工作面微震事件分布的影响

5.2.1 数值计算模型的建立

微震震源分布与开采活动之间存在一定的对应关系，但研究不够深入，根据 $63_{\pm}05$ 工作面实际情况建立 FLAC 3D 三维数值模型，结合现场微震监测数据，分析采动应力对工作面微震事件分布的影响。图 2-3 为 $63_{\pm}05$ 工作面柱状图，模型三维网格划分结果如图 5-7 所示。建模中，设置模型尺寸（长×宽×高）为 605 m×900 m×160 m，共建立 193860 个单元，203294 个节点。模型中各个煤岩层的物理力学参数见表 5-2。按照现场地应力实测结果，模型 X 方向施加 10.31~24.95 MPa 梯度应力，Y 方向施加 1.69~9.62 MPa 梯度应力，顶部施加 14.25 MPa 等效均布载荷，Z 轴设置为自重载荷，计算中选用摩尔-库仑屈服准则。

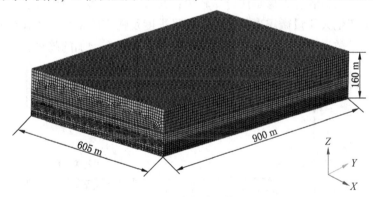

图 5-7 数值模拟模型

表 5-2 煤岩层的物理力学参数

岩性	密度/ $(kg \cdot m^{-3})$	体积模量/ GPa	剪切模量/ GPa	内摩擦角/ (°)	内聚力/ MPa	抗拉强度/ MPa
中粒砂岩	2633	6.74	1.81	41	2.35	2.11
粉砂岩	2710	9.41	7.46	40	4.36	1.75
细砂岩	2550	4.24	3.12	38	5.62	4.15

表 5-2（续）

岩性	密度/ （kg·m⁻³）	体积模量/ GPa	剪切模量/ GPa	内摩擦角/ （°）	内聚力/ MPa	抗拉强度/ MPa
煤	1350	3.15	1.42	32	1.92	0.95
泥岩	2340	4.36	1.24	37	1.32	1.47

5.2.2 采动应力分布与微震活动的对应关系

为了揭示采动应力与微震分布的关系，现场微震监测 $63_{上}05$ 工作面分别推进到 100 m、200 m、300 m、400 m、500 m、600 m 时的震源平面分布结果，将此结果通过地理坐标叠加到对应开采阶段的垂直应力平面分布云图上，对比分析采动应力与微震震源分布的关系，如图 5-8 所示。

由图 5-8 可以看出，震源分布呈现明显的规律性。首先，随着 $63_{上}05$ 工作面的开采，微震系统定位到的震源绝大多数集中在采空区后方的应力降低区及邻近 $64_{上}04$ 工作面采空区，少部分集中在煤壁前方应力升高区，其他区域零星分布，总体上，在原岩应力稳定区分布较少；其次，工作面初采阶段，应力水平较低，几乎不产生大能量微震事件，随着开采进度及强度的增加，工作面整体应力增大，大能量微震事件出现并持续增加，微震频次也有增加的趋势；再次，工作

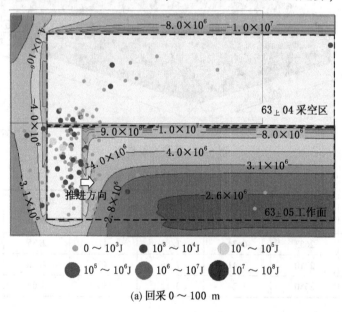

(a) 回采 0～100 m

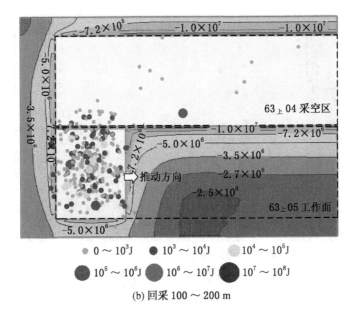

(b) 回采 100～200 m

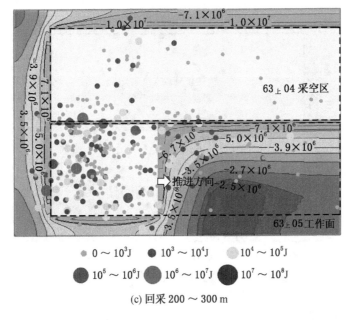

(c) 回采 200～300 m

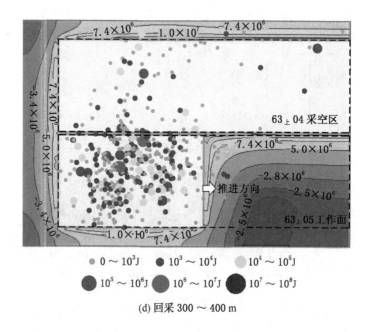

(d) 回采 300 ~ 400 m

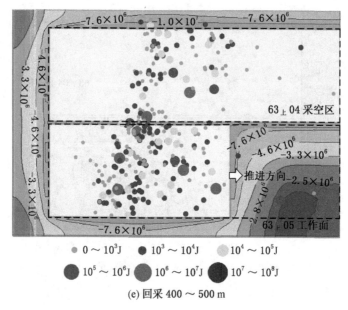

(e) 回采 400 ~ 500 m

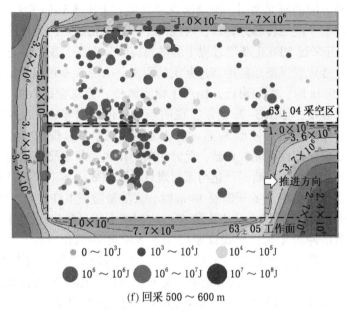

(f) 回采 500～600 m

图 5-8　垂直应力云图上的微震分布

面开采 200～300 m 和 500～600 m 区域时，这两个区域是工作面一次"见方"和二次"见方"区域，大能量微震事件相比之下都较之前的开采阶段明显增多（尤其在工作面开采 500～600 m 区域时更为明显），说明工作面"见方"引发的顶板周期来压容易促使大能量震动频发。总体上认为，工作面整体应力水平的提高有助于大能量震动事件的产生。周期来压、工作面"见方"等时段是防震减灾的重要时期；但煤壁前方的应力集中区与大能量震动事件的平面关系对应不明显，可能是因为二者所处层位不同。

5.3　工作面开采过断层微震事件分布规律

5.3.1　微震事件震源分布特征

东滩煤矿 14310 工作面位于十四采区最北部，工作面内断层分布广泛，多数为小断层，对回采影响不大。但是，距离终采线 360 m 位置有 NF6 正断层，落差为 3.1 m，倾角为 61°，根据东滩煤矿过往开采经验认为此断层对回采影响较大。因此，以 14310 工作面开采过 NF6 正断层为例，分析工作面开采过断层的震源分布、微震及能量特征，同时为扰动加载型冲击地压预测准则的建立提供支撑。

相关地质方面的研究表明，断层形成过程中在上下盘聚积了大量水平应力，断层活化促使水平应力转移并释放，可能由于断层活化诱发冲击地压。图 5-9 为 14310 工作面开采过 NF6 正断层过程中的微震震源分布图，图中黑色线段代表煤壁位置，正负号代表煤壁距断层和过断层的距离。由图 5-9 可以看出，当煤壁距 NF6 正断层 150 m 时，断层附近开始产生微震事件；当煤壁距 NF6 正断层 62 m 时，微震频次骤增，如图 5-9a 所示，说明断层活化加剧容易诱发断层活化型冲击地压；当煤壁距 NF6 正断层 39 m 时，大能量微震事件显现，如图 5-9b 所示，说明煤层顶底板连续性可能被切断，此时切断的顶底板与断层下盘组合形成了类似小煤柱的煤岩结构，在断层活化与断层煤柱的双重效应下工作面具备极高的冲击地压危险；当煤壁距 NF6 正断层 18 m 时，大能量微震事件频繁出现，如图 5-9c 所示，说明此时断层附近的应力集中已达到极大值，断层上下盘可能发生错动并诱发严重的冲击显现；当煤壁刚好位于 NF6 正断层位置时，如图 5-9d 所示，由于长期的断层活化释放一定的应力，并未出现较强的微震事件。图 5-9e 为煤壁过 NF6 正断层 47 m 时的微震事件分布，可以看出此时仍有大能量微震事件产生，工作面也具备较大的冲击地压危险；图 5-9f 为煤壁过 NF6 正断层 80 m 时的微震事件分布，此时微震频次降低，未出现大能量微震事件，工作面开采恢复常态。

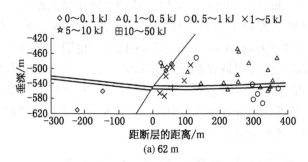

(a) 62 m

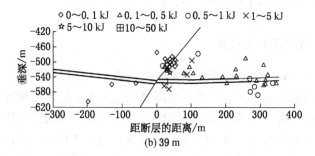

(b) 39 m

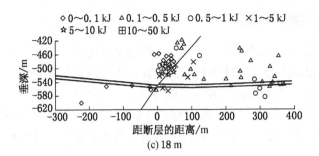

(c) 18 m

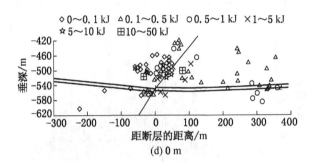

(d) 0 m

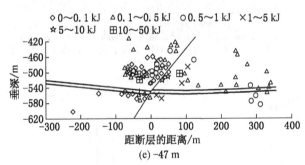

(e) -47 m

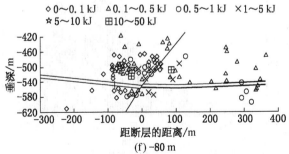

(f) -80 m

图 5-9 工作面过断层微震事件分布

5.3.2 微震事件频次、能量特征

工作面开采过断层时，微震频次、能量通常表现出一定的特殊性，掌握这种规律是预测预报断层型冲击地压的重要前提。因此统计了东滩煤矿 14310 工作面开采过 NF6 正断层期间的微震频次、能量数据，如图 5-10 所示。

由图 5-10 可以看出，7 月 26 日煤壁距断层 62 m，断层活化加剧后，微震频次和能量都有增加的趋势，微震频次比能量增加得更明显，说明小能量微震事件

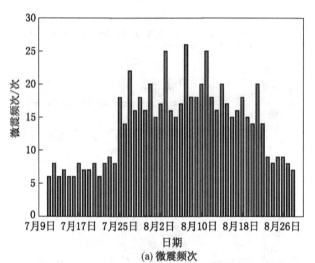

(a) 微震频次

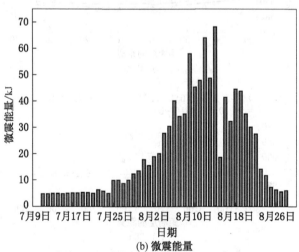

(b) 微震能量

图 5-10　开采过断层微震频次、能量柱状图

仍占大多数。8 月 6 日煤壁距断层 39 m，受断层活化与断层煤柱双重作用，大能量矿震事件频繁出现，监测的微震能量波动性强，表现出两大规律：①正常的微震能量总维持在特定水平，这个时期的微震能量骤增骤减趋势明显，能量幅值偏差较大；②大能量矿震事件发生前，微震频次、能量骤减，矿震事件发生后逐渐恢复正常，说明小能量震动为大能量矿震"蓄能"。

5.3.3 工作面开采过断层时的断层活动分期

根据以上工作面开采过断层期间的微震活动规律，同时参考工作面开采过断层期间的应力及能量积聚与释放情况，将断层活动分为 8 个时段，分述如下：

（1）断层平静期（如煤壁距断层大于 150 m）。此时工作面开采活动对断层活动影响较小，这时可能出现能量较小的震动事件。

（2）断层蓄能期（如煤壁距断层 150~62 m）。此时断层已经开始活化，断层应力向煤层及顶底板转移，此时微震能量及频次有明显上升的趋势。

（3）断层活化期（如煤壁距断层 62~39 m）。此时微震频次增加，断层活化程度增加，积聚大量弹性能，可能出现震动级别较大的事件，并且频次较多，此时发生冲击地压的机制如图 5-11a 所示。

（4）断层煤柱期（如煤壁距断层 39~18 m）。此时断层煤柱已经形成，应力转移和煤柱缩小使断层煤柱难以承受如此大的应力，积聚的弹性能持续增大，属于冲击地压高危期。这个时期的微震规律表现为前期频次和能量由于断层煤柱的微破裂都呈现增加的趋势，后期容易连续爆发多次大能量矿震事件，此时发生冲击地压的机理如图 5-11b 所示。

（5）断层错动期（如煤壁距断层 18~0 m）。此时煤壁距断层小于 18 m，长期高应力促使煤体和顶底板破碎严重，加上断层煤柱减小，断层泥浆"润滑"断面，属于冲击地压高危时期。这个时期由于断层附近破碎围岩继续扩展，微震频次必然增加，断层整体性错动会导致超大能量矿震事件突然爆发，此时发生冲击地压的机理如图 5-11c 所示。

（6）上盘能量释放期（如开采过断层 0~47 m，以工作面开采先过下盘为例）。开采过断层后，下盘应力完全释放，但上盘还存在较大的构造应力。此时的微震频次和能量虽有所降低，但也可能发生较大能量级别的矿震，故强化的防冲措施应适当减缓，切记不可一次性撤除。

（7）残余能量释放期（如开采过断层 47~80 m）。开采过断层 47 m 后，微震频次趋于减少，微震能量趋于降低。

（8）断层稳定期（如开采过断层大于 80 m）。开采过断层大于 80 m 后，微震分布基本符合常规开采情况下的规律。

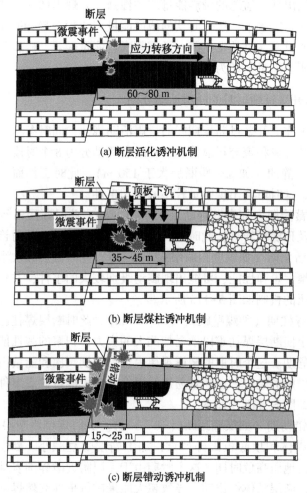

(a) 断层活化诱冲机制

(b) 断层煤柱诱冲机制

(c) 断层错动诱冲机制

图 5-11　工作面开采过断层的冲击地压发生机制

5.4　工作面开采进程对微震事件的影响

5.4.1　开采速度对微震活动的影响

1. 大能量矿震事件前后开采速度特征

采集东滩煤矿 $43_{上}13$ 工作面和 $63_{上}04$ 工作面 6 个月的开采速度资料做成曲线图，并将这一期间发生的 2.0 级以上矿震标注在曲线图中，如图 5-12 所示。

由图 5-12 可以看出，大能量矿震事件发生前开采速度通常发生较剧烈的变化，主要表现为：①43$_上$13 工作面于 2015 年 5 月 26 日、8 月 30 日，63$_上$05 工作面于 2016 年 4 月 13 日发生大能量矿震事件之前都经历了 5~8 天的停采，停采过后回采速度提升较快，诱发顶板强烈震动；②43$_上$13 工作面于 2015 年 6 月 14 日、21 日发生 2 次大能量矿震事件，63$_上$04 工作面于 2016 年 4 月 18 日、22 日、27 日、29 日连续发生 4 次大能量矿震事件之前的开采速度持续上升，并呈现频繁的波动变化；③43$_上$13 工作面于 2015 年 10 月 6 日、19 日、27 日发生 3 次大能量矿震事件，63$_上$04 工作面于 2016 年 5 月 17 日，6 月 2 日、20 日，7 月 18 日、25 日、29 日，8 月 2 日发生 7 次大能量矿震事件之前，开采速度先下降后突然或连续升高，爆发大能量矿震事件。通过以上分析认为：开采速度对大能量矿震事件

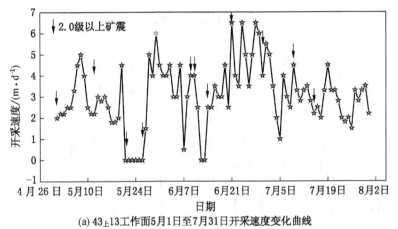

(a) 43$_上$13工作面5月1日至7月31日开采速度变化曲线

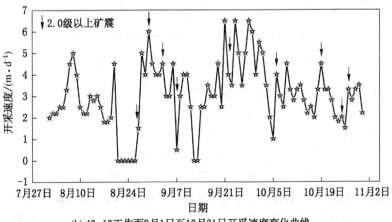

(b) 43$_上$13工作面8月1日至10月31日开采速度变化曲线

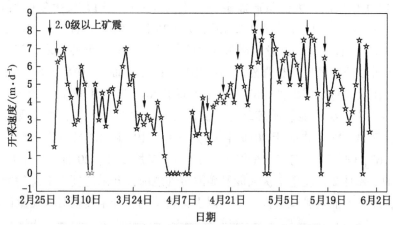

(c) 63上04工作面3月1日至5月31日开采速度变化曲线

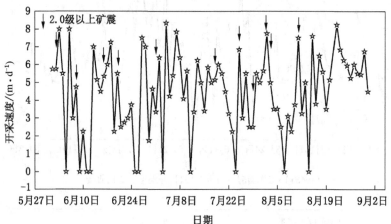

(d) 63上04工作面6月1日至8月31日开采速度变化曲线

图5-12　开采速度与大能量矿震事件关系曲线

的发生影响较大，回采中遇到停采情况再次开采时，应逐渐增加开采速度；遇到断层等地质构造时，应均匀放慢开采速度，尽量降低对围岩的扰动；应尽量遵循匀慢速开采的原则，避免应力突增突降。

2. 开采速度与微震频次、能量相关性拟合分析

对工作面开采速度的分类统计可直观、清晰地辨识大能量矿震事件发生的开采速度特征，将开采速度分成5个等级，然后将对应期间每日监测到的微震事件归类到各个开采速度等级中，再分类统计不同开采速度等级和不同震能等级下的

微震特征，结果见表5-3。然后按照开采速度和震动能量等级分析其日均震动频次和能量特征，并将微震频次、能量特征曲线做拟合处理，如图5-13所示。

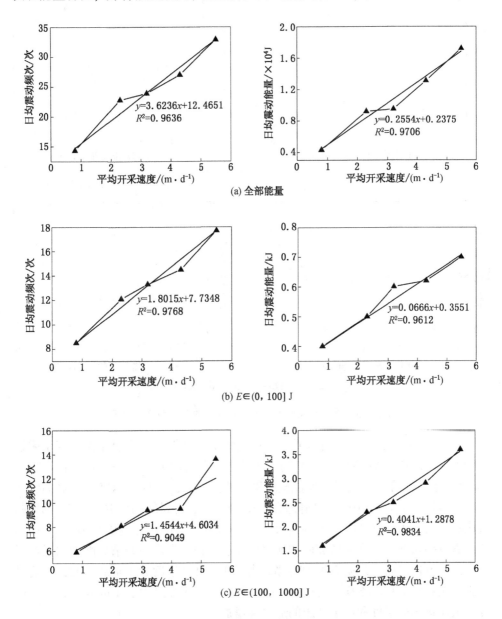

(a) 全部能量

(b) $E \in (0, 100]$ J

(c) $E \in (100, 1000]$ J

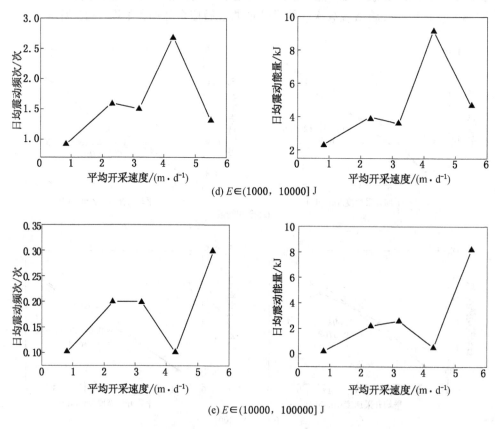

(d) $E \in (1000, 10000]$ J

(e) $E \in (10000, 100000]$ J

图 5-13　不同开采速度下各能量级别的微震频次、能量

结合图 5-13 和表 5-3 可以看出，低能量微震事件与工作面回采速度呈明显线性关系，大能量微震频次、能量与开采速度呈非线性关系。由图 5-13a 至图 5-13c 可以看出，在全部能量与低能量级别下的微震频次与回采速度呈良好的线性关系。能量级别为 $0 \sim 10^2$ J 的回归直线斜率为 1.8，能量级别为 $10^2 \sim 10^3$ J 的回归直线斜率为 1.45，说明能量级别为 $0 \sim 10^2$ J 的微震事件比能量级别为 $10^2 \sim 10^3$ J 的微震事件随开采速度的增加而增加得更多、更快，也说明开采速度增加促使低能量微震事件向高能量微震事件转移。当工作面开采速度大于 4 m/d 时，大能量微震频次和能量释放不稳定性增强，据此认为当开采速度大于 4 m/d 时，工作面发生大能量矿震事件和冲击地压的危险性增加。

表5-3 不同开采速度下各能量级别的微震统计结果

震动能量/J	开采速度/(m·d⁻¹)	0~2	2~3	3~4	4~5	5~6
	天数/d	50	21	46	20	16
	平均开采速度/(m·d⁻¹)	0.8	2.3	3.2	4.3	5.5
全部能量	日均震动频次/次	14.3	22.8	23.9	27.0	32.9
	日均震动能量/kJ	4.3	9.2	9.5	13.1	17.2
(0, 100]	日均震动频次/次	8.5	12.1	13.3	14.5	17.7
	日均震动能量/kJ	0.4	0.5	0.6	0.62	0.7
(100, 1000]	日均震动频次/次	5.9	8.1	9.4	9.5	13.6
	日均震动能量/kJ	1.6	2.3	2.5	2.9	3.6
(1000, 10000]	日均震动频次/次	0.9	1.6	1.5	2.7	1.3
	日均震动能量/kJ	2.3	4.0	3.6	9.2	4.6
(10000, 100000]	日均震动频次/次	0.1	0.2	0.2	0.1	0.3
	日均震动能量/kJ	0.2	2.2	2.6	0.5	8.2

5.4.2 开采进尺与微震活动的关系

地震学相关研究表明天然地震在发生时空上都具有一定的周期特性。因此，作者对东滩煤矿 43上13 工作面开采过程中 2.0 级以上矿震发生的时间、位置关系进行研究，以期揭示回采进尺与微震活动的关系。由于 43上13 工作面回采 31 m 之前未发生典型震动事件，故从回采 31 m 位置开始统计。首先以 100 m 作为一个进尺周期，统计每个回采周期内大能量矿震事件发生的次数；接着以 50 m 作为一个进尺周期，再统计每个周期内大能量矿震事件发生的次数；接着继续缩小进尺周期，如此循环，结果见表5-4。

表5-4 大能量矿震与回采进尺的关系

日 期	矿震当日进尺/m	累计进尺/m	进尺范围/m	进尺周期/m
2015 年 2 月 12 日	6.75	115.3	31~131	100
2015 年 2 月 26 日	7.35	179.9		
2015 年 3 月 4 日	5.65	214	131~231	100
2015 年 3 月 5 日	6.25	220.3		
2015 年 3 月 30 日	1.45	299.3	231~331	100

表 5-4（续）

日 期	矿震当日进尺/m	累计进尺/m	进尺范围/m	进尺周期/m
2015 年 5 月 2 日	4.75	371.4		
2015 年 5 月 8 日	4.5	379.5		
2015 年 5 月 21 日	2.25	400.5	331~431	100
2015 年 5 月 26 日	3.75	412		
2015 年 6 月 9 日	3.5	423.5		
2015 年 6 月 10 日	6	429.5		
2015 年 6 月 14 日	4	445	431~481	50
2015 年 6 月 21 日	1.8	457.9		
2015 年 7 月 7 日	1.25	484.3	481~531	50
2015 年 7 月 8 日	2.75	487		
2015 年 7 月 14 日	3.25	503.8		
2015 年 7 月 25 日	3.5	542	531~581	50
2015 年 7 月 27 日	5	554.3		
2015 年 8 月 27 日	1.5	661.5	631~681	50
2015 年 8 月 30 日	6	676.5		
2015 年 9 月 3 日	4.5	693.7	681~731	50
2015 年 9 月 7 日	0.5	704.5		
2015 年 9 月 23 日	3.5	753.5	731~781	50
2015 年 10 月 6 日	4	811.3	781~831	50
2015 年 10 月 9 日	4.5	821.8		

　　由表 5-4 可以看出，东滩煤矿 $43_{上}$13 工作面回采 431 m 范围内大能量矿震周期特性并不明显，这可能与距离开切眼约 450 m 位置的煤层夹矸分叉线有关，工作面回采初期的煤厚分布不稳定，断层较多；同时夹矸分叉也会引发一定程度的应力集中，为应力传递提供良好的通道，这些都是大能量矿震并未呈现明显周期特性的原因。在工作面回采 431 m 之后，由表 5-4 也可以看出大能量矿震的周期特性表现在 100 m 大周期范围内存在 50 m 小周期，一个大周期内约发生 4 次大能量矿震，一个小周期内约发生 2 次大能量矿震事件。将矿震周期特性与工作面矿压监测结果联合起来发现，一个大周期大致对应 6 次基本顶周期来压，一个小周期大致对应 3 次基本顶周期来压（此次统计只针对特定煤矿的特定工作面或类似矿井工作面，其他不同类型工作面的周期性规律还需另外统计）。掌握工作

面矿震发生的回采进尺周期特性可以有效地把握每个进尺周期内大能量矿震发生的次数，进而为扰动加载型冲击地压预测准则的建立提供基础数据。

5.5　相邻工作面开采对工作面微震活动的影响

东滩煤矿1304工作面因地面有村庄而留设保护煤柱，致使1304工作面开采前期工作面斜长较小，之后工作面斜长增大。1304工作面开采中，煤柱附近围岩应力高度集中，煤柱破裂并牵动顶底板剧烈运动，对工作面造成威胁，易诱发大能量震动事件。1304工作面开采500 m时的微震事件平面分布如图5-14所示。由图5-14可以看出，煤柱附近发生3次震动能量为10^6 J的矿震，印证了上述分析。但由于此煤柱的影响，导致与1304工作面相邻的1305工作面开采前期和后期的邻区采空范围不同，微震分布必然有所区别。

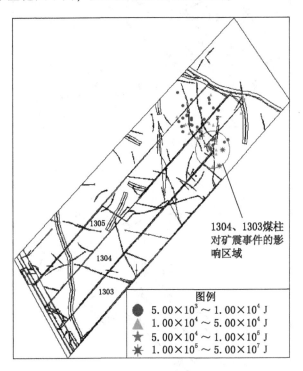

图5-14　煤柱附近微震事件平面分布

东滩煤矿1305工作面与1304工作面相邻，1304工作面开采前期与后期的工作面斜长不同，导致开采过程中的覆岩垮落程度不同。因此，1305工作面开采时，由于1304工作面不同位置、不同程度的覆岩垮落，微震事件必然存在一定区别。故将 1305 工作面开采到 100 m、200 m、300 m、400 m、500 m 时的微震事件水平投影到工作面平面图上，如图 5-15 所示，工作面中 3 条粗细线中间一条表示工作面煤壁位置，前后两条分别表示微震事件的超前工作面和采空区的影响范围。

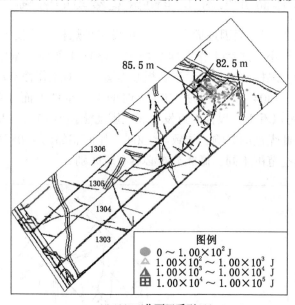

(a) 1305工作面开采到100 m

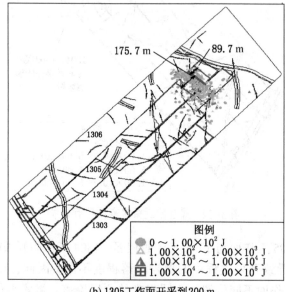

(b) 1305工作面开采到200 m

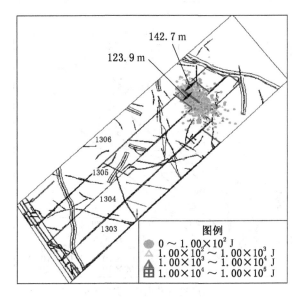

(c)1350 工作面开采到 300 m

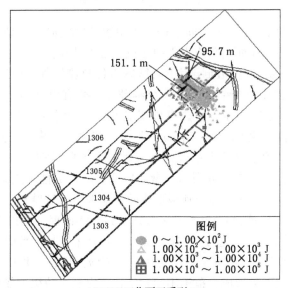

(d)1350 工作面开采到 400 m

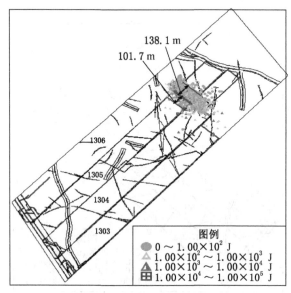

(e) 1305 工作面开采到500 m

图 5-15　邻区采空范围对工作面微震的影响

由图 5-15 可以看出，工作面推进过程中震源随之向前移动，采空区震源分布越来越多，起初工作面超前应力集中区域微震事件较少，随着工作面开采逐步增多，特别是开采到工作面断层附近时微震事件急剧增加，说明 1305 工作面推进距离增大，煤层及围岩结构产生大范围破坏，微震事件增多。工作面开采到 300 m 时，如图 5-15c 所示，微震事件明显增多，同时在 1304 工作面采空区产生大能量震动事件，说明 1304 工作面开采中，其覆岩垮落并不充分，受 1305 工作面采动影响后，顶板继续大范围运动，诱发了大能量震动事件。1305 工作面开采到 400 m 时，如图 5-15d 所示，微震监测显示的大能量震动事件明显增多，说明 1305 工作面与 1304 工作面顶板形成的大范围不稳定结构发生剧烈运动，对1305 工作面回采造成威胁。1305 工作面开采到 500 m 时，如图 5-15e 所示，此时 1305 工作面煤壁已经超过 1304 工作面小斜长开采区域，此时微震频次反而减少，能量也降低，说明当 1304 工作面开采斜长增大后，顶板垮落较充分，1305工作面开采中顶板不易形成大范围不稳定结构，有利于减缓大能量震动事件的发生。1305 工作面回采到不同位置的震源分布范围见表 5-5。

表5-5　1305工作面回采到不同位置微震事件平面分布范围

1305工作面累计进尺/m	超前工作面影响范围/m	采空区影响范围/m
100	85.5	82.5
200	175.7	89.7
300	151.1	95.7
400	123.9	142.7
500	101.7	138.1
平均值	127.6	109.7

5.6　本章小结

（1）大能量震动事件主要发生在低b值或高低b值转折处，大能量矿震事件爆发往往经历"弱震密集—平静—强震发生"的转变过程且强震具有集中释放性；微震事件震源主要分布于工作面前后的应力升高区和降低区，而在稳定区分布较少。

（2）工作面过断层开采时微震事件能量骤增骤减趋势明显，能量幅值偏差较大，小能量震动为大能量矿震"蓄能"；将工作面开采过断层期间冲击地压危险性分为8个阶段，揭示了工作面过断层开采期间的"断层活化""断层煤柱""断层错动"三类冲击地压发生机制。

（3）大能量震动事件发生具有一定的周期特征，在东滩煤矿43$_\text{上}$13工作面表现为100 m大周期内存在50 m小周期，一个大周期内发生4次左右大能量矿震事件，大致对应6次基本顶来压；开采速度不稳定容易诱发大能量震动事件，匀慢速开采是减少大能量震动事件发生的有效手段。

6 扰动加载型冲击地压的一体化
防 治 技 术

6.1 扰动加载型冲击地压的一体化防治体系

通过系统研究扰动加载型冲击地压孕育的自然条件，煤样试件在扰动加载下的冲击破坏特征，"扰动—冲击"致灾系统失稳机制及其二次触发冲击地压的机制，基于微震监测工作面扰动强度特征4个方面，明确了扰动加载型冲击地压是高应力环境下煤岩体受外部震动扰动的加载作用，达到触发煤岩失稳的应力和能量条件，迫使煤岩飞出或抛出的动力学现象。

基于上述关于冲击地压扰动加载致灾特征的研究结论，认为对扰动加载型冲击地压的防治，应该先预测其冲击危险性，预测时要考虑两个方面：一方面，煤岩体静态结构稳定性；另一方面，扰动强度。然后防治此类冲击地压时，也要从两个方面入手：一方面，缓解围岩震动扰动强度；另一方面，提高煤层附近煤岩体静态结构的稳定性。

为此，提出了此类冲击地压的预测方法；在此基础上，利用现有防冲措施进行搭配组合，建立了扰动加载型冲击地压的针对性防治技术。最终形成了基于扰动加载型冲击地压致灾特征的一体化防治技术。扰动加载型冲击地压一体化防治体系如图6-1所示。

6.2 基于煤岩体静态结构与扰动强度的冲击地压分级预测方法

6.2.1 煤岩体静态结构稳定性评价技术

煤炭开采区域的地质条件及井下采掘活动共同造就了复杂的冲击地压煤岩结构，扰动加载型冲击地压煤岩结构主要由地质条件和采掘活动耦合形成。地质条件主要包括煤层及顶底板岩性和冲击倾向性、地质构造等，在巷道掘进或工作面开采后，就会形成暂时的煤岩体静态结构，这种所谓的煤岩体静态结构状态为冲

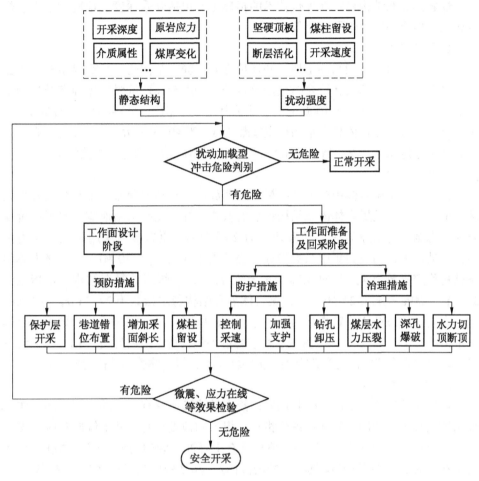

图 6-1 扰动加载型冲击地压一体化防治体系

击地压孕育提供了条件，这时煤岩结构受到外界的震动扰动容易造成突然的应力分布失衡，从而触发煤岩结构失稳，发生扰动加载型冲击地压。因此，预测扰动加载型冲击地压要从两个方面入手：一方面，评价煤岩体静态结构稳定性；另一方面，评价外部震动扰动强度，再将两个方面的评价结果叠加，从而切实准确地评价其冲击地压的危险性。

基于煤岩体静态结构与扰动强度的扰动加载型冲击地压预测方法，包括煤岩体静态结构稳定性评价技术、工作面扰动强度评价技术、扰动加载型冲击危险性分级预测准则建立 3 个方面，对煤岩体静态结构稳定性评价技术进行阐述。

煤岩体静态结构稳定性评价技术的指标主要包括开采深度、地应力水平、煤岩属性、地质构造、煤厚变化等。

1. 开采深度

煤层开采深度是预测冲击地压和评价煤岩体静态结构的一个重要指标，根据对开采深度的分析和最新综合指数法界定开采深度指标评价煤岩体静态结构稳定性如下：当开采深度 $H>1000$ m 时，煤岩体静态结构稳定指数为 4；当 700 m $<$ $H\leqslant 1000$ m 时，煤岩体静态结构稳定指数为 3；当 400 m $<H\leqslant 700$ m 时，煤岩体静态结构稳定指数为 2；当 $H\leqslant 400$ m 时，煤岩体静态结构稳定指数为 1。

2. 地应力水平

冲击地压是煤岩体中应力和能量迅速释放的一种动力现象，因此煤炭开采区域的地应力水平是煤岩体静态结构评价的重要指标，此次采用地应力水平评价煤岩体静态结构包括原岩应力和采动应力 2 项指标，原岩应力采用最大主应力指标，采动应力采用应力集中系数指标。当最大主应力 $\sigma_1>30$ MPa 时，煤岩体静态结构稳定指数为 4；当 24 MPa $<\sigma_1\leqslant 30$ MPa 时，煤岩体静态结构稳定指数为 3；当 18 MPa $<\sigma_1\leqslant 24$ MPa 时，煤岩体静态结构稳定指数为 2；当 $\sigma_1\leqslant 18$ MPa 时，煤岩体静态结构稳定指数为 1。当应力集中系数 $k>2.8$ 时，煤岩体静态结构稳定指数为 4；当 $2.3<k\leqslant 2.8$ 时，煤岩体静态结构稳定指数为 3；当 $1.7<k\leqslant 2.3$ 时，煤岩体静态结构稳定指数为 2；当 $k\leqslant 1.7$ 时，煤岩体静态结构稳定指数为 1。

3. 煤岩属性

煤岩属性对冲击地压发生和煤岩体静态结构形成具有一定的控制作用，作者采用煤层和顶板的冲击倾向性评价指标。煤层和顶板具有强冲击倾向对应的煤岩体静态结构稳定指数为 4，煤层和顶板具有中等冲击倾向对应的煤岩体静态结构稳定指数为 3，煤层和顶板具有弱冲击倾向对应的煤岩体静态结构稳定指数为 2，煤层和顶板具有无冲击倾向对应的煤岩体静态结构稳定指数为 1。

4. 地质构造

地质构造区域与非地质构造区域的煤炭开采对于形成煤岩体静态结构的差异较大，由于地质构造很难量化，因此按照地质构造严重程度为强烈、一般、较弱和无地质构造进行分类，对应的煤岩体静态结构稳定指数分别为 4、3、2、1。

5. 煤厚变化

现场实践表明煤厚变化剧烈的区域煤岩结构稳定性较差、冲击地压发生频繁，可能是由于应力不均衡传递所致。将煤厚变化程度归纳为剧烈变化、较剧烈变化、稳定变化、几乎不变化 4 类，对应的煤岩体静态结构稳定指数分别为 4、3、2、1。

基于上述煤岩体静态结构稳定性评价指标及指数，得出煤岩体静态结构稳定性评价结果 Sta，见式（6-1）。

$$Sta = \frac{S_1 + S_2 + \cdots + S_n}{n} \tag{6-1}$$

式中 S_1、S_2、$\cdots$、S_n——评价煤岩体静态结构稳定性的 n 个指标指数。

6.2.2 开采扰动加载强度评价技术

基于微震监测的工作面扰动强度研究结果，认为工作面大能量震动扰动的发生主要受煤层一次回采厚度、断层活化程度、开采速度、遗留煤柱稳定性、坚硬顶板活动强度、采空区充填程度等的影响。

1. 一次回采厚度

工作面煤层一次回采厚度对于顶板垮落及其形成的震动扰动具有较大影响，因此将煤层一次回采厚度作为煤岩扰动强度评价的一个重要指标。根据对兖州矿区多年的现场观测和实践经验，拟定当煤层一次回采厚度 $H > 6$ m 时，煤岩扰动强度指数为 4；当 4 m $< H \leqslant 6$ m 时，煤岩扰动强度指数为 3；当 2 m $< H \leqslant 4$ m 时，煤岩扰动强度指数为 2；当 $H \leqslant 2$ m 时，煤岩扰动强度指数为 1。

2. 断层活化程度

工作面开采造成采煤工作面附近断层"活化"，断层"活化"容易诱发工作面附近大能量震动扰动产生。根据微震监测结果，按照工作面煤壁与断层的距离对其冲击危险性做出明确的定量分析，根据定量分析结果判定断层对扰动加载型冲击地压的扰动强度指数。当煤壁距离断层 62~39 m 时，煤岩扰动强度指数为 2；当煤壁距离断层 39~18 m 时，煤岩扰动强度指数为 3；当煤壁距离断层 18~0 m 时，煤岩扰动强度指数为 4；当煤壁过断层 0~40 m 时，煤岩扰动强度指数为 2；当煤壁过断层 40~80 m 时，煤岩扰动强度指数为 1。

3. 开采速度

开采速度是影响大能量震动事件发生的一个关键因素，开采速度增加会诱发顶板剧烈活动，矿震频次和能量都会增加。根据开采速度与大能量矿震事件发生的对应关系，拟定开采速度对扰动加载型冲击地压的扰动强度指数如下：当开采速度大于 6 m/d 时，煤岩扰动强度指数为 4；当开采速度为 4~6 m/d 时，煤岩扰动强度指数为 3；当开采速度为 2~4 m/d 时，煤岩扰动强度指数为 2；当开采速度小于 2 m/d 时，煤岩扰动强度指数为 1。

4. 遗留煤柱稳定性

煤矿工作面生产中，由于各种原因会在工作面附近遗留煤柱，遗留煤柱会造成较高程度的应力集中。采用微震监测可以定量分析大能量矿震事件发生与煤柱的对应关系，据此提出并拟定了煤柱大小对扰动加载型冲击地压发生的扰动强度指标指数。当煤柱宽度大于 80 m 时，煤岩扰动强度指数为 1；当煤柱宽度为 60~80 m 时，煤岩扰动强度指数为 2；当煤柱宽度为 40~60 m 时，煤岩扰动强度指数为 3；当煤柱宽度为 20~40 m 时，煤岩扰动强度指数为 4；当煤柱宽度为 10~20 m 时，煤岩扰动强度指数为 3，当煤柱宽度为 0~10 m 时，煤岩扰动强度指数为 2。

5. 坚硬顶板活动强度

坚硬顶板断裂是诱发大能量震动事件的又一关键因素，但是坚硬顶板的扰动效应是坚硬岩层与煤层距离、坚硬岩层厚度、坚硬岩层抗压强度 3 个指标的综合作用结果，3 个指标综合作用引起的扰动强度指数见表 6-1。

表 6-1 坚硬顶板对冲击地压的扰动强度指数

序号	硬岩厚度/m	硬岩单向抗压强度/MPa	硬岩与煤层的距离/m	扰动强度指数
1	≥30	≥60	<20	6
2	15~30	≥60	<20	5
3	<15	≥60	<20	4
4	≥30	≥60	20~40	5
5	15~30	≥60	20~40	4
6	<15	≥60	20~40	3
7	≥30	≥60	≥40	4
8	15~30	≥60	≥40	3
9	<15	≥60	≥40	2
10	≥30	35~60	<20	5
11	15~30	35~60	<20	4
12	<15	35~60	<20	3
13	≥30	35~60	20~40	4
14	15~30	35~60	20~40	3
15	<15	35~60	20~40	2
16	≥30	35~60	≥40	3
17	15~30	35~60	≥40	2
18	<15	35~60	≥40	1

6. 采空区充填程度

工作面开采后，不同条件的采空区上方顶板会发生不同程度的垮落，垮落程度不同孕育施加在煤岩体静态结构上的扰动强度必然有所差异，将顶板垮落后的采空区充填程度分为完全充填、基本充填、少数充填和基本不充填4类，对应的煤岩扰动强度指数分别为1、2、3、4。

基于上述扰动加载型冲击地压扰动强度指标及其指数的确定，获得扰动加载型冲击地压的扰动强度指数评价结果 Dis，见式（6-2）。

$$Dis = \frac{D_1 + D_2 + \cdots + D_m}{m} \tag{6-2}$$

式中，D_1、D_2、$\cdots$、D_m 为扰动强度评价的 m 个指标指数。

6.2.3 扰动加载型冲击地压的预测准则

根据上述理论，可以动态评价工作面开采中某一区域的煤岩体静态结构稳定性和煤岩扰动强度，二者评价结果的叠加作用可构成扰动加载型冲击地压的冲击危险性评价指数 RDI，即

$$RDI = Sta + Dis$$

定义扰动加载型冲击地压的预测准则为：当 $RDI < 2.1$ 时，为无冲击地压危险；当 $2.1 \leqslant RDI < 4.4$ 时，为弱冲击地压危险；当 $4.4 \leqslant RDI < 6.8$ 时，为中等冲击地压危险；当 $6.8 \leqslant RDI$ 时，为强冲击地压危险。

扰动加载型冲击地压危险性分级预测流程如下：

（1）根据需要将预测区域划分成 5 m、10 m 或 20 m 的网格单元。

（2）根据实际情况填写每个网格单元中的煤岩体静态结构稳定指数和扰动强度指数。

（3）计算每个网格单元中的 Sta 指数和 Dis 指数，再计算扰动加载型冲击地压危险指数 RDI。

（4）按照计算结果对照建立的准则划分冲击危险性，完成冲击地压分级预测。

6.2.4 扰动加载型冲击地压预测实践

1. 工作面概况

东滩煤矿 $63_{上}05$ 工作面位于南翼六采区中部，南邻 $63_{上}06$ 未开拓工作面，北邻 $63_{上}04$ 采空区，并与 $63_{上}04$ 采空区之间留设 3.5 m 小煤柱，开切眼距六采区支架运输巷 132 m，设计终采线距南翼辅助运输巷 70 m，工作面埋藏深度为

665.1~714.6 m，平均埋藏深度为 689.9 m。63上05 工作面回采山西组 3上 煤层，半暗型煤，煤层厚度为 4.6~5.4 m，平均厚度为 5.15 m，煤厚分布较稳定，但底板之上 2.3~2.5 m 位置存在一层厚 0.02~0.03 m 的粉砂质泥岩夹矸，为回采重要标志。63上05 工作面煤层倾角为 0°~8°，平均倾角为 4°，煤体普氏系数 $f = 2$~3，具有冲击倾向；工作面直接顶和直接底分别为厚 2.45~4.11 m 和厚 0.76~1.95 m 的粉砂岩，基本顶为厚 11.51~16.82 m 的中粒砂岩，基本底为厚 7.83~11.52 m 的粉细砂岩；工作面煤层可采指数为 1，变异系数为 18.36%。

63上05 工作面褶曲主要为 C1-2 背斜，轴向 NEE~EW~NWW，波幅 5~10 m，对工作面回采影响较大；工作面运输巷和回风巷掘进过程中共揭露 7 条典型断层，分别为 FD35（$H = 0~8$ m）、FD36（$H = 0~10$ m）、LF10（$H = 1.1$ m）、LF11（$H = 2.5$ m）、LF12（$H = 3.0$ m）、LF13（$H = 1.9$ m）、LF14（$H = 2.6$ m）断层。工作面采用后退式走向长壁顶板垮落一次采全高采煤法，普通综采回采工艺，沿煤层底板一次采全高回采。

2. 预测结果及分析

1) 掘进期间巷道冲击危险性预测

按照基于煤岩体静态结构与扰动强度的冲击地压预测准则，结合东滩煤矿 63上05 工作面实际情况，对 63上05 工作面掘进期间巷道冲击危险进行分级预测。63上05 工作面轨道巷为沿空掘进，根据以上研究，确定工作面整个轨道巷（长度为 1664 m）在掘进期间具有弱冲击危险；开切眼导硐掘进时，在邻近 63上04 工作面采空区的 100 m 范围内，也具有弱冲击危险，63上05 工作面运输巷与轨道联络巷，在掘进期间按无冲击地压危险管理，若在掘进过程中出现较强烈的动力现象，则要进行冲击地压危险检测，确认无冲击危险后方可继续掘进。63上05 工作面掘进期间巷道冲击危险性预测结果如图 6-2 所示。

2) 回采期间巷道冲击危险性预测

63上05 工作面回采期间，冲击危险来自于沿空巷道的轨道巷，时段为工作面开采初期。具体范围为工作面一次、二次"见方"位置前后 100 m，断层区前后 40 m 范围为中等冲击危险；轨道巷其他区域为弱冲击危险。工作面开采对轨道联络巷有一定影响，联络巷预测结果显示具有弱冲击危险。63上05 工作面终采线在轨道巷侧与南翼辅运巷距离 104.7 m，在运输巷侧与南翼辅运巷距离 71.6 m，工作面开采对南翼辅运巷影响较小，63上05 工作面回采期间巷道冲击危险性预测结果如图 6-3 所示。由于预测的计算过程数据量较大，只列出工作面回采期间轨道巷距离开切眼 450~550 m 范围的计算数据及过程，且此次预测每个取值网格的范围为 5 m 见方区域，具体数据见表 6-2。

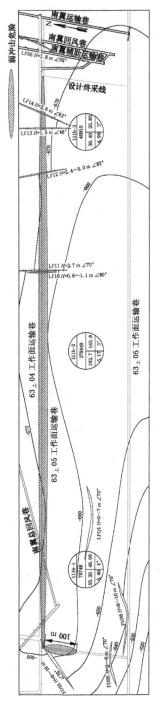

图6-2 63上05工作面掘进期间冲击地压分级预测

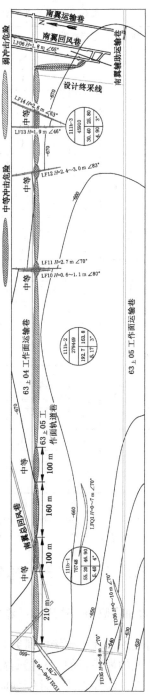

图6-3 63上05工作面回采期间冲击地压分级预测

表6-2 回采期间轨道巷冲击地压预测过程及结果

编号	静态结构指标指数						Sta	扰动强度指标指数						Dis	RDI
	S_1	S_2	S_3	S_4	S_5	S_6		D_1	D_2	D_3	D_4	D_5	D_6		
1	2	4	1	2	1	1	1.83	3	0	3	2	5	2	2.5	4.33
2	2	4	1	2	1	1	1.83	3	0	3	2	5	2	2.5	4.33
3	2	4	1	2	1	1	1.83	3	0	3	2	5	2	2.5	4.33
4	2	4	1	2	1	1	1.83	3	0	3	2	5	2	2.5	4.33
5	2	4	1	2	1	1	1.83	3	0	3	2	5	2	2.5	4.33
6	2	4	1	2	1	1	1.83	3	0	3	2	5	2	2.5	4.33
7	2	4	1	2	1	1	1.83	3	0	3	2	5	2	2.5	4.33
8	2	4	1	2	1	1	1.83	3	0	3	2	5	2	2.5	4.33
9	2	4	2	2	1	1	2	3	0	3	2	5	2	2.5	4.5
10	2	4	2	2	1	1	2	3	0	3	2	5	2	2.5	4.5
11	2	4	2	2	1	1	2	3	0	3	2	5	2	2.5	4.5
12	2	4	2	2	1	1	2	3	0	3	2	5	2	2.5	4.5
13	2	4	2	2	1	1	2	3	0	3	2	5	2	2.5	4.5
14	2	4	2	2	1	1	2	3	0	3	2	5	2	2.5	4.5
15	2	4	2	2	1	1	2	3	0	3	2	5	2	2.5	4.5
16	2	4	2	2	1	1	2	3	0	3	2	5	2	2.5	4.5
17	2	4	2	2	1	1	2	3	0	3	2	5	2	2.5	4.5
18	2	4	2	2	1	1	2	3	0	3	2	5	2	2.5	4.5
19	2	4	2	2	1	1	2	3	0	3	2	5	2	2.5	4.5
20	2	4	2	2	1	1	2	3	0	3	2	5	2	2.5	4.5

注：$S_1 \sim S_6$ 代表影响煤岩体静态结构的指标，分别为煤层开采深度、最大主应力、应力集中系数、煤层冲击倾向性、地质构造强弱程度、煤厚变化程度；$D_1 \sim D_6$ 代表影响煤岩扰动强度的指标，分别为煤层一次回采厚度、断层活化程度、开采速度、遗留煤柱、坚硬顶板、采空区充填程度。

6.3 扰动加载型冲击地压的"缓震降冲"防治技术与实践

6.3.1 扰动加载型冲击地压的"缓震降冲"防治技术

对冲击地压机理、预测的研究是其防治的基础，有效的冲击地压防治是其机理、预测研究的最终目的。根据研究认为，对扰动加载型冲击地压的防治需要提出更具针对性的防冲思路，才能使防冲效果更加有效。因此，作者提出了扰动加载型冲击地压的"缓震降冲"防治新思路及技术措施。

扰动加载型冲击地压的发生受煤岩体静态结构形成因素和扰动强度发生因素两个方面的共同控制,因此,提出了扰动加载型冲击地压的"缓震降冲"防治新思路。其核心是:一方面缓解因围岩震动对工作面附近煤岩体造成的扰动加载;另一方面改善煤岩体静态结构的稳定性,达到工作面围岩"缓震"和工作面煤层附近结构"降冲"的目的。根据震动扰动对冲击地压的作用,认为扰动加载主导的冲击地压以"震动源区控制"为主、"冲击源区控制"为辅;扰动加载诱发的冲击地压以"冲击源区控制"为主、"震动源区控制"为辅;同时配合有效的震能传播路径控制,即通过采取一定的措施增加震能传播路径的阻尼,总体上达到降低或消除冲击地压危险的目的。

对扰动加载型冲击地压的防治,要采用基于煤岩体静态结构与扰动强度的冲击地压分级预测方法对其进行预测。如果规划开采区域工作面尚未开拓形成,要在开采设计上遵循"缓震降冲"防治思想,具体方法包括开采保护层、回采巷道错位布置、合理的采煤工艺选择、考虑煤柱留设的工作面设计等;如果待采区域已完成开采布局规划,工作面开拓已经形成,要从"缓震降冲"措施上保证工作面安全回采,具体包括治理措施和防护措施两个方面。治理措施包括煤层及顶底板注水、大直径钻孔预卸压、爆破预卸压、切顶断顶、水力压裂等,防护措施包括加强支护、严格控制开采速度等。防治措施实施后,通过微震监测、应力在线监测、钻屑法检测等效果检验措施,再次确定待采区域的冲击危险性,最终实现工作面安全回采。下面从预防措施、治理措施、防护措施3个方面分别阐述扰动加载型冲击地压的防治方法。

1. 预防措施

扰动加载型冲击地压防治应遵循"由设计防治到措施防治,由区域防治到局部解危"的原则。优先选择开采保护层、合理的巷道布置、考虑煤柱留设等的防冲开采设计治理冲击地压。大量防冲实践也表明,在开采设计不合理的情况下进行煤层开采,即使采取了多种"缓震降冲"措施,也很难保证工作面安全回采。因此,通过合理的工作面采前设计达到"缓震降冲"的目的是扰动加载型冲击地压防治最经济有效的治理手段。

1) 巷道错位布置

统计表明,86.4%的冲击地压发生在巷道,当多煤层开采时,合理的巷道错位布置有助于巷道"缓震降冲"。具体实施为下(上)煤层工作面临空巷道布置在上(下)煤层采空区下(上)方,与上(下)煤层采空区交错距离不小于5 m,这样保证了错层相邻工作面临空巷道不处于煤柱区,临空巷道上方(或下方）为采空区，顶板多数处于垮落状态，不易产生较大震动，也不易对临空巷道围岩形成扰动加载，"缓震"作用明显，降低了冲击危险。此外，从扰动加载型冲击地压防治方面考虑，巷道掘进建议采用沿底掘进，沿底掘进增加了顶板震动波传播到巷道的距离，加大了扰动载荷或能量传播中的损耗，减缓了震动对巷道的扰动作用；如果是厚煤层巷道，顶板煤相对于岩石更能吸收震动能量。目前，东滩煤矿主采 3、$3_上$、$3_下$ 煤层，分层部分两煤层平均间距为 10~30 m，当存在上下煤层开采时，东滩煤矿采取沿底掘进内错巷道布置的方式，实践表明防冲效果良好。

2）合理煤柱留设

煤柱区往往是高度应力集中区，强烈孕育冲击地压。通过分析东滩煤矿和兖州矿区其他煤矿多年来的现场观测结果认为，当煤柱宽度为 40 m 左右时，应力集中系数为 3~4；煤柱区一侧受侧向支撑压力的影响，另一侧受支撑压力的影响（工作面朝向采空区开采情况），此时煤柱宽度为 50 m 左右时，煤柱内应力集中系数达到 4~6；工作面一侧受侧向支撑压力的影响，相邻一侧受超前支撑压力的影响（沿空掘巷情况）时，煤柱应力集中系数为 2.5 左右，此时应力峰值往往会向煤柱深部转移。因此，认为工作面开采应尽量采用无煤柱开采或留小煤柱开采的掘巷方式，一般厚度煤层条件下小煤柱宽度可以设置在 5 m 以内。受邻近采空区的影响，煤柱区上方岩层在邻近采空区开采中经历剧烈活动，产生大能量震动的可能性降低，这在一定程度上缓解了工作面回采中的震动扰动，同时小煤柱也在一定程度上降低了工作面的应力集中程度，有助于达到"缓震降冲"的目的。

此外，巷道布置时还需考虑断层煤柱、区段煤柱、大巷煤柱、采区边界煤柱、井筒煤柱等的影响，此时应注意巷道布置时的煤柱宽度，尽量保证不小于 50 m。

3）开采保护层

多煤层开采时，优先选择冲击危险性较低的煤层开采，为其他煤层开采提供卸压保护。原因如下：一是保护层开采后降低其他煤层的静载应力，有助于减缓冲击地压孕育环境的产生；二是保护层开采，顶底板煤岩结构受到扰动，有助于减缓大级别震动扰动，迫使工作面附近煤岩难以形成扰动加载状态。

4）增加工作面斜长

较长的工作面斜长，增加了采空区后方的悬顶跨度，有利于顶板垮落与能量释放，不至于顶板积聚较大能量和顶板大能量震动事件形成。因此，在设计工作面斜长时，在一定程度上尽量遵循长工作面开采的原则，尽量设计超过 200 m 的工作面斜长。

在实际工程中，通过开采设计达到"缓震降冲"目的的并不多，很多采区或工作面由于历史遗留或地质构造等问题造成待采区域存在很强的震动扰动和冲击危险性。面对此类待采区域，需要在开采中实施一定的治理措施达到"缓震降冲"，才能实现工作面安全开采、回采。

2. 治理措施

当工作面开采规划已确定或回采巷道已贯通，工作面已经开采、回采时，针对扰动加载型冲击地压，认为以下几项措施及其搭配组合可以更好地达到"缓震降冲"的目的。

1）煤层水力压裂

煤层水力压裂可有效防治扰动加载型冲击地压，原因如下：第一，水力压裂可有效释放煤层顶板，降低因底板断裂或垮落造成大能量震动的可能性；第二，水力压裂可有效改变煤层及其顶底板的性质，通过水力压裂，煤层及其顶底板更松软，脆性降低，黏性增强，煤体脆性降低可等同于冲击倾向降低；第三，水力压裂增大了煤岩孔隙率，煤岩体对震动能量传播的阻尼增大，震动能量传播中损耗增大，有利于降低震动扰动作用于工作面的效果；第四，水力压裂也在一定程度上释放了煤岩静载应力，不利于冲击地压孕育条件的形成。

2）大直径钻孔卸压

大直径钻孔卸压通过改变围岩小结构降低煤层或顶底板应力集中，迫使应力集中区向煤体深部转移，同时，钻孔形成的塑性破碎带也有利于震动能量的消耗。该方法施工操作简单，技术成熟，尤其在工作面待采预卸压期间尤为适用。

3）深孔卸压爆破

深孔卸压爆破分为煤层爆破和岩层爆破两种。煤层爆破的目的主要是降低静载，促使冲击孕育环境更难形成；岩层爆破的目的主要是缓解扰动载荷，使煤岩难以形成扰动加载状态。深孔卸压爆破钻孔深度一般小于 100 m，通常情况下采用扇形布置，最好能够确保两巷钻孔于煤层中部或上部交错。

4）水力切顶断顶

煤层顶板较硬、较厚是扰动加载型冲击地压容易发生的本质原因之一（如兖州矿区的覆岩"红层"结构），开采后顶板不易垮落，容易由于悬顶距离过大而产生大能量震动扰动，因此，煤岩容易形成强扰动加载状态。面对此类问题，人工切顶断顶是一种较好的防冲措施。此措施：一方面，因人工诱发顶板垮落，迫使上覆高位硬岩产生更大的自由空间，增强高位顶板的活动性，高位硬岩活动释放应力；另一方面，覆岩大范围顶板活动增强其孔隙率，震能传播阻尼增大，不利于工作面附近形成扰动加载状态。切顶断顶步距用式（6-3）计算。

$$\left.\begin{array}{l} \dfrac{3bq^2L^5}{5Eh^3} = U_1 \\[4mm] \dfrac{31bq^2L^5}{10Eh^3} = U_2 \end{array}\right\} \leqslant 10^6 \sim 10^7 \tag{6-3}$$

式中　b——断顶宽度，m；

　　　q——自重载荷，Pa；

　　　L——断顶步距，m；

　　　E——弹性模量，Pa；

　　　h——断顶高度，m。

3. 防护措施

1）控制开采速度

通过对东滩煤矿大量现场观测表明，开采速度对大能量震动扰动有直接影响。开采速度大时，大震动频发，工作面附近围岩容易形成扰动加载状态；开采速度降低，大震动会在短时间内迅速减少。实践表明，匀慢速开采可有效缓解工作面震动扰动。所以，在冲击危险性较强区域开采时，应严格控制开采速度，尽量保持匀慢速开采，保证工作面"缓震降冲"，正常情况下，厚度在 5 m 以内的煤层开采速度小于 6 m/d，强震频发时，开采速度小于 4 m/d，甚至更小。

2）加强超前支护

开采中为防治冲击地压，工作面巷道超前支护段采用超前支架，超前支架相对于单体支柱对冲击地压具有更强的抵抗能力，超前支护距离不少于 40 m，在超前支架外侧安装单体支柱，确保超前支护总体距离不少于 100 m。

6.3.2　扰动加载型冲击地压的"缓震降冲"防治实践

根据东滩煤矿 $63_{上}05$ 工作面的扰动加载型冲击地压预测结果，结合 6.2 节按照"缓震降冲"思想提出的防冲举措搭配，现场于 $63_{上}05$ 工作面采前和回采中实施了以下防冲措施。

1. 采前预卸压措施

东滩煤矿 $63_{上}05$ 工作面回采前采取的预卸压措施为大直径钻孔卸压，即在工作面运输巷、轨道巷向工作面实体煤侧打大直径顺层钻孔。钻孔参数为：钻孔直径 110 mm，钻孔间距 2 m，与巷帮垂直施工，钻孔深度 15 m，钻孔采用单排布置，平行于煤层的钻孔距巷道底板的距离为 1.2 m 左右，如图 6-4 所示。

2. 回采中的防冲措施

1）深孔卸压爆破

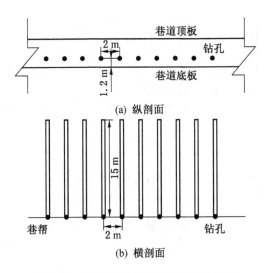

图 6-4 掘进期间大直径卸压钻孔布置

$63_{上}05$ 工作面回采期间于轨道巷超前工作面 100 m 范围内继续实施大直径钻孔卸压措施，钻孔参数与预卸压实施的钻孔相同。在工作面接近一次"见方"和二次"见方"区域实施深孔卸压爆破措施，具体位置为轨道巷距开切眼 190~240 m 范围和 405~455 m 范围。卸压爆破参数如下：爆破孔间距 3 m，爆破孔直径 42 mm，深度 12 m，孔口距底板 1.2 m（现场实际操作中可能进行了微调），炮孔与煤层夹角 60°。每孔装药长度 7 m，封孔长度 5 m，孔内均匀布置了 4 个并联的雷管，其余部分用炮泥填满填实。炸药可选用矿用炸药，一次起爆炮眼个数为 1 个。图 6-5 为深孔卸压爆破装药示意图，图 6-6 为卸压爆破炮孔布置示意图。

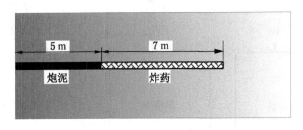

图 6-5 深孔卸压爆破装药示意图

2）水力压裂切顶

$63_{上}05$ 工作面回采期间于轨道巷、运输巷、开切眼和煤壁处实施了水力压裂

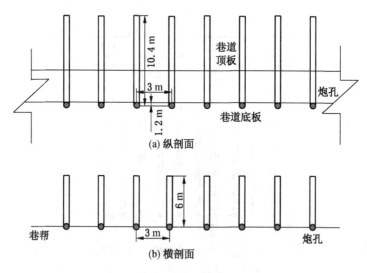

图 6-6 卸压爆破炮孔布置示意图

切顶措施，如图 6-7 所示。水力压裂切顶孔间距 20 m，深度 15 m，孔底切槽；水力压裂切顶孔距工作面煤帮 1~2 m 施工，钻孔向前方煤壁倾斜 60°~80°，深度 15 m，施工范围为工作面自开切眼开始向外 550 m 范围。采用专用切槽刀具孔底切槽不能少于 2 min，每孔采用封孔器封孔，致裂时间不少于 30 min。

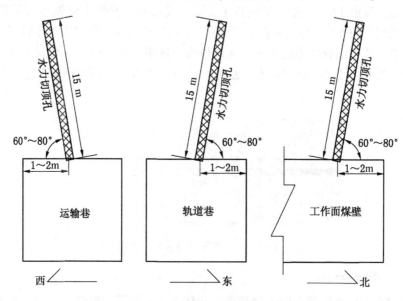

图 6-7 水力切顶断顶措施施工方案

通过水力压裂切顶，利用水流冲击力，顶板不易垮落岩层横向被切断，诱发采空区上方 15 m 左右范围的顶板垮落，现场可根据具体情况对坚硬顶板实施分层切顶，一方面迫使煤岩体静态结构更加稳定，另一方面引导高位岩层垮落，不至于造成高位硬岩悬顶及大能量震动产生。水力压裂切顶技术可较好地实现工作面"缓震降冲"。

除此之外，东滩煤矿针对回采期间 63$_上$05 工作面局部区域还制定并实施了以下 3 项冲击地压补充防治措施。

1. 加强超前段支护

63$_上$05 工作面开采时，工作面巷道超前支护段使用巷道超前支架，可以有效地抵御开采期间的震动扰动对巷道顶板的破坏，有利于安全生产。

63$_上$05 工作面巷道超前支护采用巷道液压支架配合单体支柱支护顶板。63$_上$05 工作面运输巷采用 1 套 2 组 ZT44800/25/45D 型中置式超前支护液压支架支护顶板，支架高度 2500~4500 mm，巷道支架布置在转载机两侧，在第一组巷道支架前支设单体液压支柱，超前支护距离 100 m。

63$_上$05 工作面轨道巷采用 1 套 5 组 ZT115200/25/45 型中置式超前支护液压支架支护顶板，支架高度 2500~4500 mm，超前支护距离 40 m。按照冲击地压危险区域进行管理，在巷道支架外侧支设单体支柱，超前支护距离 100 m。

2. 限制人员通过

63$_上$05 工作面开采时，采煤机在靠近工作面巷道 30 组支架范围内割煤时，自工作面开切眼向外 150 m 范围内的巷道采取限制人员通过的措施，无关人员不得入内。

3. 开采技术措施

63$_上$05 工作面开采期间要严格控制推进速度，若检测有冲击地压危险，或出现较频繁大能量矿震现象时，立即组织分析原因，继续推进时，开采速度不得超过 4 m/d；正常生产条件下，开采速度不得超过 6 m/d。

6.3.3 扰动加载型冲击地压的防治效果验证

东滩煤矿 63$_上$05 工作面自 2017 年 7 月 15 日始采，截至 2018 年 1 月 7 日工作面轨道巷推进到 699.05 m，运输巷推进到 704.65 m，平均回采 701.85 m，经历 2 次工作面"见方"，29 次周期来压。回采中有震动现象，无冲击事故，目前来看，总体上按照"缓震降冲"防治思想实施的配套措施基本上实现了"有震无灾"的治理目标。东滩煤矿 63$_上$05 工作面回采中配备了 SOS 微震监测系统、KJ615 型应力在线监测系统、钻屑法检测 3 项冲击地压监测检测措施。下面分别从 3 个方面叙述 63$_{上}$05 工作面的"缓震降冲"防治效果。

1. 微震监测

东滩煤矿装备了 SOS 微震监测系统,多年应用经验表明效果良好。为了更好地监测 63$_{上}$05 工作面回采期间的微震规律,微震监测拾震器围绕 63$_{上}$05 工作面布置,且尽量布置在 63$_{上}$05 工作面周围不同位置及不同标高上。东滩煤矿 63$_{上}$05 工作面回采期间,在其周围布置了 5 个拾震器,分别布置在四采扩大区(12号测站)、南翼总回风巷(15 号测站和 6 号测站)、63$_{上}$04 轨道联络巷(5 号测站)、63$_{上}$05 工作面运输巷内煤壁前方 500 m 位置(10 号测站)。

截至 2018 年 1 月 7 日,63$_{上}$05 工作面回采期间共监测有效震动事件 2442次,其中绝大多数为小级别震动,发生 2.0 级以上震动事件 33 次,大震动发生时,工作面和地表都有震感,但现场无冲击现象。详细情况见表 6-3。由表 6-3可以看出,工作面初采阶段未发生大级别震动事件,2017 年 10 月之后,2.0 级以上矿震发生情况相对比较均衡,基本上 3 天左右发生一次 2.0 级以上震动事件,推进 15 m 左右发生一次 2.0 级以上震动事件,多数震动事件发生在采空区上方,这有助于能量均衡释放,对防冲具有积极作用;2017 年 12 月 1 日以后,工作面开采至接近 500 m 位置,此时受与相邻 63$_{上}$04 工作面二次"见方"的影响,大能量震动有增多的趋势,但现场及时采取了深孔卸压爆破和大直径钻孔卸压措施,对震动源区和震能传播路径进行了预处理,工作面未发生冲击现象;此外,震源定位显示的大能量矿震多数发生在距离煤层上方 80~120 m 的层位,基本处于 63$_{上}$05 工作面"红层"层位,距离煤层较远,有助于震能传播中的损耗。综上认为,基于"缓震降冲"防治思路的防冲措施实施后,有助于增大震能传播阻尼和转移大级别震动层位,防冲措施得当,防冲效果良好。

表 6-3 63$_{上}$05 工作面 2.0 级以上矿震统计

序号	日 期	时间	标高/m	能量/J	震级	进尺/m	间隔进尺/m	详细位置描述
1	2017 年 10 月 14 日	13:04:07	-524	2655983	2.43	255		距工作面 181.7 m,距开切眼 75 m
2	2017 年 10 月 17 日	11:30:01	-602	541825	2.07	269	14	距工作面 70 m,距开切眼 199 m
3	2017 年 10 月 19 日	01:44:15	-598	1013880	2.21	283	14	距工作面 294 m,距开切眼 20 m

表 6-3（续）

序号	日 期	时 间	标高/m	能量/J	震级	进尺/m	间隔进尺/m	详细位置描述
4	2017 年 10 月 21 日	23：08：28	−561	1934596	2.36	295	12	距工作面 226 m，距开切眼 53 m
5	2017 年 10 月 27 日	21：43：18	−577	995502	2.21	321	26	距工作面 109.5 m，距开切眼 218 m
6	2017 年 11 月 1 日	21：53：52	−567	4395935	2.55	354	33	距工作面 204 m，距开切眼 150 m
7	2017 年 11 月 4 日	15：24：20	−583	1290002	2.27	372	18	距工作面 230 m，距开切眼 142 m
8	2017 年 11 月 6 日	10：10：47	−513	2354208	2.41	383	11	距工作面 301 m，距开切眼 82 m
9	2017 年 11 月 10 日	23：15：52	−564	479156	2.04	408	25	距工作面 349 m，距开切眼 59 m
10	2017 年 11 月 13 日	19：15：30	−519	6097793	2.62	421	13	距工作面 329 m，距开切眼 92 m
11	2017 年 11 月 15 日	19：12：09	−569	2293146	2.40	432	11	距工作面 282 m，距开切眼 73 m
12	2017 年 11 月 17 日	20：28：43	−532	2610708	2.43	444	12	距工作面 412 m，距开切眼 32 m
13	2017 年 11 月 21 日	01：35：10	−524	4163463	2.54	459	15	距工作面 432 m，距开切眼 17 m
14	2017 年 11 月 23 日	19：29：31	−545	4805393	2.57	469	10	距工作面 363 m，距开切眼 106 m
15	2017 年 11 月 26 日	23：41：18	−490	3443689	2.49	485	17	距工作面 277 m，距开切眼 208.6 m
16	2017 年 11 月 28 日	02：43：30	−612	1682532	2.33	495	9	距工作面 200 m，距开切眼 289 m
17	2017 年 12 月 1 日	18：41：36	−470	9040670	2.71	513	18	距工作面 335 m，距开切眼 178 m

表 6-3（续）

序号	日　　期	时间	标高/m	能量/J	震级	进尺/m	间隔进尺/m	详细位置描述
18	2017 年 12 月 4 日	22：42：22	−554	3767176	2.51	529	16	距工作面 529 m，开切眼附近
19	2017 年 12 月 6 日	15：52：20	−507	2215029	2.39	537	8	距工作面 44 m，开切眼附近
20	2017 年 12 月 6 日	23：18：03	−551	6913200	2.65	537	0	距工作面 50 m，开切眼附近
21	2017 年 12 月 8 日	06：42：57	−497	2924495	2.46	548	11	距工作面 412 m，距开切眼 136 m
22	2017 年 12 月 8 日	20：48：37	−531	3199146	2.48	548	0	距工作面 298 m，距开切眼 250 m
23	2017 年 12 月 9 日	21：41：08	−583	3895842	2.52	556	8	距工作面 330 m，距开切眼 221 m
24	2017 年 12 月 12 日	04：11：32	−580	4561803	2.56	575	19	距工作面 215 m，距开切眼 360 m
25	2017 年 12 月 13 日	10：13：31	−620	1443492	2.29	582	7	距工作面 87 m，距开切眼 495 m
26	2017 年 12 月 17 日	02：15：00	−565	2448714	2.42	604	22	距工作面 300 m，距开切眼 301 m
27	2017 年 12 月 22 日	14：01：50	−509	483713	2.04	626	22	距工作面 516 m，距开切眼 110 m
28	2017 年 12 月 22 日	21：58：39	−496	1685836	2.33	626	0	距工作面 179 m，距开切眼 447 m
29	2017 年 12 月 25 日	16：17：19	−558	1064057	2.22	645	19	距工作面 68 m，距开切眼 577 m
30	2017 年 12 月 30 日	21：28：24	−459	14514629	2.82	670	25	距工作面 465 m，距开切眼 205 m
31	2018 年 1 月 3 日	00：15：09	−482	673661	2.12	686	16	距工作面 139 m，距开切眼 547 m

表 6-3（续）

序号	日 期	时间	标高/m	能量/J	震级	进尺/m	间隔进尺/m	详细位置描述
32	2018 年 1 月 5 日	08：47：57	−606	958828	2.20	699	13	距工作面 101 m，距开切眼 598 m
33	2018 年 1 月 6 日	22：18：59	−535	409192	2.01	700	1	距工作面 383 m，距开切眼 317 m

2. 应力在线监测

东滩煤矿 63$_{上}$05 工作面回采期间于轨道巷、运输巷实体煤侧超前工作面 300 m 范围安装了 KJ 615 型应力在线监测设备，目的是实时监测工作面回采过程中前方支承压力影响范围内的应力实时变化情况，从而达到冲击地压预警、报警的目的。具体实施方法为：工作面煤壁前方 300 m 范围每隔 30 m 布置一组应力在线监测站，每组测站安装 2 个监测传感器，传感器安装深度分别设置为 8 m 和 14 m，每组测站中的 2 个传感器间距为 1 m，具体布置方式如图 6-8 所示。随着工作面向前推进，邻近煤壁的测站撤销，重新安装到最后一组测站后方 30 m 处，顺次类推。应力在线传感器每隔 2 min 记录一次数据。结合现场实际情况和煤体应力监测系统原理，安装深度为 8 m 的传感器初定预警值设置为 10 MPa，报警值设置为 12 MPa；安装深度为 14 m 的传感器初定预警值设置为 12 MPa，报警值设置为 14 MPa。63$_{上}$05 工作面运输巷安装的 10 组测站分别对应 1~20 号测点，其中单号测点安装深度为 14 m，双号测点安装深度为 8 m；轨道巷安装的 10 组测站分别对应 21~40 号测点，其中单号测点安装深度为 14 m，双号测点安装深度为 8 m。

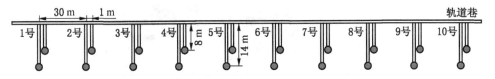

图 6-8　应力在线监测传感器布置方案

由于 63$_{上}$05 工作面应力在线监测数据量较大，选取微震监测显示的大级别震动事件多发的 2017 年 11 月 1 日至 2018 年 1 月 5 日的应力在线监测数据进行作图分析，明确工作面冲击危险程度，检验"缓震降冲"防治思想及其相应的冲击地压防治措施的解危效果。图 6-9、图 6-10 分别为运输巷、轨道巷对应期间的 KJ615 型应力在线系统显示数据。由图 6-9、图 6-10 可以看出，回采期间运输巷内监测的数据显示应力值从未出现预警现象，说明"缓震降冲"配套解危措施效果良好；轨道巷于 2017 年 11 月下旬显示应力值较高，短时间内出现预警，由于防冲措施及时，应力值在短时间内急剧下降，达到预期的防冲效果，现场未发生冲击地压的迹象。

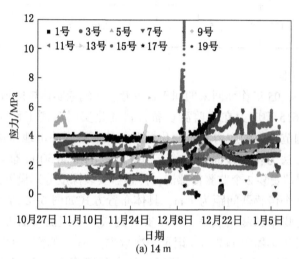

(a) 14 m

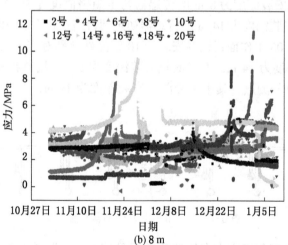

(b) 8 m

图 6-9　运输巷应力在线监测分析

3. 钻屑法检测

截至 2018 年 1 月 5 日，东滩煤矿 $63_{\text{上}}$ 05 工作面掘进、回采期间在运输巷、

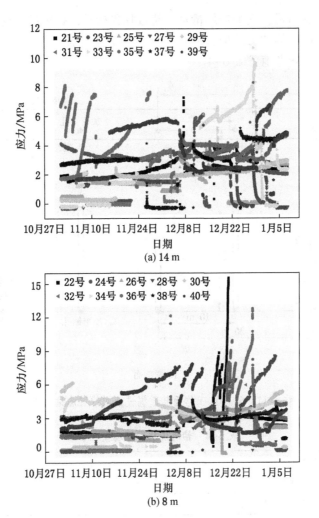

(a) 14 m

(b) 8 m

图 6-10 轨道巷应力在线监测分析

轨道巷工作面帮共施工 1259 个钻屑法检测钻孔，其中掘进期间施工 407 个钻孔，回采期间施工 852 个钻孔。钻孔参数如下：钻孔间距为 20 m，钻孔深度为 10 m，孔径为 42 mm，孔口位置距离巷道底板 1.2 m，实际施工中可以根据现场煤层赋存状态调整钻孔高度，使钻孔尽量与煤层平行，避免钻杆嵌入岩石；在中等冲击危险和强冲击危险区域实施钻屑法钻孔加密，加密钻孔深度为 14 m，其他参数不变。钻屑法检测钻孔和加密钻孔的施工均采用 KHYD40 型气动钻机，配备插销式连接的麻花钻杆，每节长度为 1 m，钻头直径为 42 mm，检测和补打钻孔每钻进 1 m 测一次钻屑量，观测钻屑量是否超过临界指标，在钻进过程中出现较多的卡钻、吸钻及声响等动力效应，63$_{上}$05 工作面钻屑法施工方案如图 6-11 所示，钻屑量临界指标参考值见表 6-4。

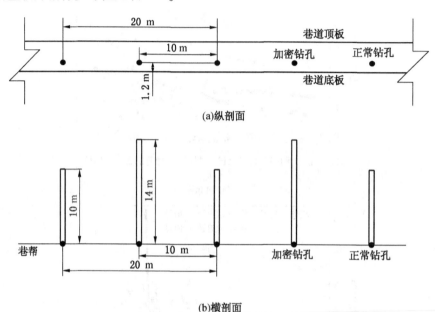

(a)纵剖面

(b)横剖面

图 6-11　63$_{上}$05 工作面巷道掘进期间钻屑法钻孔布置

表 6-4　钻屑法临界煤粉量指标

钻孔深度/m	1~5	6~14
钻粉率指数	≥1.5	2~3
临界煤粉量/(kg·m^{-1})	3.6	7.1

检测结果表明，采用钻屑法对 63$_{上}$05 工作面冲击地压危险性进行分析时，1~5 m 范围煤粉量基本保持为 1.5~2.0 kg/m，6~14 m 范围煤粉量基本保持为 2.0~3.5 kg/m，未发现煤粉量超标现象，说明"缓震降冲"防冲思想及其举措对于扰动加载型冲击地压解危效果良好。由于数据量较大，图 6-12 为工作面掘进、回采期间提取的部分钻屑法检测数据分析图。

6.4　本章小结

（1）基于扰动加载型冲击地压致灾机理，构建了扰动加载型冲击地压一体

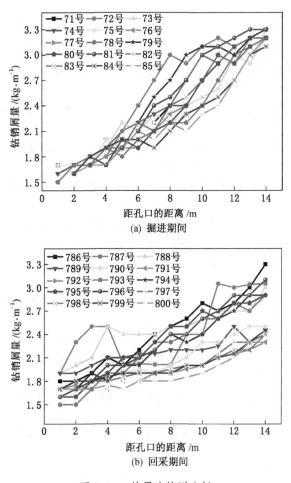

图 6-12　钻屑法检测分析

化防治体系，形成了基于扰动加载致灾特征的冲击地压一体化防治技术。

（2）建立了扰动加载型冲击地压预测准则，提出了基于煤岩体静态结构与扰动强度的冲击地压分级预测方法，利用该方法，完成了东滩煤矿 $63_{\text{上}}05$ 工作面掘进和回采期间回采巷道的冲击地压危险性预测。

（3）提出了扰动加载型冲击地压的"缓震降冲"防治新思路。其核心是：一方面，缓解震动扰动对工作面附近煤岩体造成扰动加载；另一方面，改善煤岩体静态结构稳定性。两个方面的措施综合实施达到"缓震"和"降冲"的目的。进行了现场防冲实践和效果验证，结果表明其防冲效果良好，可以进行推广应用。

参 考 文 献

[1] 窦林名，何学秋．冲击矿压防治理论与技术 [M]．徐州：中国矿业大学出版社，2001．

[2] 李振雷．厚煤层综放开采的降载减冲原理及其工程实践 [D]．徐州：中国矿业大学，2016．

[3] 姜耀东，潘一山，姜福兴，等．我国煤炭开采中的冲击地压机理和防治 [J]．煤炭学报，2014，39 (2)：205-213．

[4] 姜耀东，赵毅鑫．我国煤矿冲击地压的研究现状：机制、预警与控制 [J]．岩石力学与工程学报，2015，34 (11)：2188-2204．

[5] 齐庆新，欧阳振华，赵善坤，等．我国冲击地压矿井类型及防治方法研究 [J]．煤炭科学技术，2014，42 (10)：1-5．

[6] 齐庆新，陈尚本，王怀新，等．冲击地压、岩爆、矿震的关系及其数值模拟研究 [J]．岩石力学与工程学报，2003，22 (11)：1852-1858．

[7] 钱七虎．岩爆、冲击地压的定义、机制、分类及其定量预测模型 [J]．岩土力学，2014，35 (1)：1-6．

[8] 潘一山，李忠华，章梦涛．我国冲击地压分布、类型、机理及防治研究 [J]．岩石力学与工程学报，2003，22 (11)：1844-1851．

[9] 布霍依诺．矿山压力与冲击地压 [M]．李玉生，译．北京：煤炭工业出版社，1985．

[10] 姜福兴，苗小虎，王存文，等．构造控制型冲击地压的微地震监测预警研究与实践 [J]．煤炭学报，2010，35 (6)：900-903．

[11] 窦林名，何江，曹安业，等．煤矿冲击矿压动静载叠加原理及其防治 [J]．煤炭学报，2015，40 (7)：1469-1476．

[12] 张宏伟，朱峰，韩军，等．冲击地压的地质动力条件与监测预测方法 [J]．煤炭学报，2016，41 (3)：545-551．

[13] 潘一山．煤与瓦斯突出、冲击地压复合动力灾害一体化研究 [J]．煤炭学报，2016，41 (1)：105-112．

[14] 姜福兴，史先锋，王存文，等．高应力区分层开采冲击地压事故发生机理研究 [J]．岩土工程学报，2015，37 (6)：1123-1131．

[15] 潘俊锋．冲击地压的冲击启动机理及其应用 [D]．北京：煤炭科学研究总院开采研究分院，2015．

[16] 潘立友，魏辉，陈理强，等．工程缺陷防治冲击地压机理及应用 [J]．岩土工程学报，2017，39 (1)：56-61．

[17] 许胜铭，姜福兴，陈涌泉．开切眼附近冲击地压发生机理及防治技术研究 [J]．煤炭科学技术，2015，43 (1)：37-40，58．

[18] 马念杰，郭晓菲，赵志强，等．均质圆形巷道蝶型冲击地压发生机理及其判定准则 [J]．煤炭学报，2016，41 (11)：2679-2688．

[19] 陈学华, 吕鹏飞, 宋卫华, 等. 综放开采过断层冲击地压危险分析及防治技术 [J]. 中国安全科学学报, 2016, 26 (5): 81-87.

[20] 陈学华, 吕鹏飞, 阮航. 地垒构造区域内工作面矿震发生规律研究 [J]. 煤炭科学技术, 2017, 45 (6): 95-99, 104.

[21] 吕鹏飞, 陈学华, 宋卫华, 等. 基于微震监测的采动工程效应及矿震孕灾机理 [J]. 地球物理学进展, 2017, 32 (3): 1399-1404.

[22] 李宝富, 任永康. 巷道底板冲击地压诱发机理及影响因素 [J]. 地下空间与工程学报, 2016, 12 (5): 1226-1230.

[23] 张宁博, 欧阳振华, 赵善坤, 等. 基于粘滑理论的断层冲击地压发生机理研究 [J]. 地下空间与工程学报, 2016, 12 (S2): 894-898.

[24] 蓝航. 近直立特厚两煤层同采冲击地压机理及防治 [J]. 煤炭学报, 2014, 39 (S2): 308-315.

[25] 张广辉, 欧阳振华, 李宏艳, 等. 深部高瓦斯煤层冲击地压发生机理研究 [J]. 煤矿安全, 2016, 47 (6): 41-44.

[26] 王建超, 姜福兴, 朱斯陶, 等. 夹矸厚煤层掘进工作面冲击地压机理及防治技术 [J]. 煤矿安全, 2016, 47 (1): 88-91.

[27] 陈学华, 吕鹏飞, 宋卫华, 等. 一种基于广义分维与特征参数的地质动力环境评价方法: 中国, 201510628021.2 [P]. 2015-09-28.

[28] 陈学华, 吕鹏飞, 宋卫华. 矿区活动断裂多重分形特征及与动力现象关系 [J]. 辽宁工程技术大学学报 (自然科学版), 2017, 36 (8): 790-795.

[29] 刘少虹. 动静加载下组合煤岩破坏失稳的突变模型和混沌机制 [J]. 煤炭学报, 2014, 39 (2): 292-300.

[30] 尹光志, 代高飞, 皮文丽, 等. 单轴压缩荷载作用下煤岩损伤演化规律的 CT 试验 [J]. 重庆大学学报 (自然科学版), 2003, 26 (6): 96-100.

[31] 邹德蕴, 姜福兴. 煤岩体中储存能量与冲击地压孕育机理及预测方法研究 [J]. 煤炭学报, 2004, 19 (2): 159-163.

[32] 牟宗龙. 顶板岩层诱发冲击的冲能原理及其应用研究 [J]. 中国矿业大学学报, 2008, 37 (6): 149-157.

[33] 曹安业, 窦林名, 王洪海, 等. 采动煤岩体中冲击震动波传播的微震效应试验研究 [J]. 采矿与安全工程学报, 2011, 28 (4): 530-535.

[34] 王家臣, 王兆会. 高强度开采工作面顶板动载冲击效应分析 [J]. 岩石力学与工程学报, 2015, 34 (S2): 3987-3997.

[35] 姜福兴, 姚顺利, 魏全德, 等. 矿震诱发型冲击地压临场预警机制及应用研究 [J]. 岩石力学与工程学报, 2015, 34 (S1): 3372-3380.

[36] 胡少斌, 王恩元, 沈荣喜. 深部煤岩动力扰动响应特征及数值分析 [J]. 中国矿业大学学报, 2013, 42 (4): 540-546.

[37] 吕鹏飞，陈学华．煤岩"震-冲"动力系统冲击失稳致灾机理与控制技术 [J]．中国安全科学学报，2017, 27 (4)：145-150.

[38] 陈学华，吕鹏飞，宋卫华，等．高位硬岩运动诱导矿震活动规律与传播响应特征 [J]．中国安全科学学报，2017, 27 (3)：71-76.

[39] 苗小虎，姜福兴，王存文，等．微地震监测揭示的矿震诱发冲击地压机理研究 [J]．岩土工程学报，2011, 33 (6)：971-976.

[40] 张宏伟，韩军，宋卫华，等．地质动力区划 [M]．北京：煤炭工业出版社，2009.

[41] 窦林名，姜耀东，曹安业，等．煤矿冲击矿压动静载的"应力场-震动波场"监测预警技术 [J]．岩石力学与工程学报，2017, 36 (4)：803-811.

[42] 潘一山，赵扬锋，李国臻．冲击地压预测的电荷感应技术及其应用 [J]．岩石力学与工程学报，2012, 31 (S2)：3988-3993.

[43] 夏永学，康立军，齐庆新，等．基于微震监测的5个指标及其在冲击地压预测中的应用 [J]．煤炭学报，2010, 35 (12)：2011-2016.

[44] 王平，姜福兴，王存文，等．冲击地压的应力增量预报方法 [J]．煤炭学报，2010, 35 (S1)：5-9.

[45] 李铁，王维，谢俊文，等．基于采动顶、底板岩层损伤的冲击地压预测 [J]．岩石力学与工程学报，2012, 31 (12)：2438-2444.

[46] 吕鹏飞．平顶山十二矿工作面动力灾害危险性预测 [D]．阜新：辽宁工程技术大学，2015.

[47] 陈学华，吕鹏飞，周军霞．基于 KPCA-LSSVM 的矿井工作面动力环境安全评价模型 [J]．中国安全生产科学技术，2016, 12 (8)：34-39.

[48] 陈学华，徐鑫，吕鹏飞．特殊"S"型覆岩结构冲击地压危险区划分 [J]．辽宁工程技术大学学报（自然科学版），2017, 36 (5)：456-460.

[49] 吕鹏飞，陈学华．基于 PSO 优化 LSSVM 模型的回采巷道顶底板移近量预测 [J]．安全与环境学报，2017, 17 (6)：2045-2049.

[50] 陈学华，吕鹏飞，周年韬．高位硬岩影响下矿震发生规律及预测 [J]．安全与环境学报，2018, 30 (2)：205-210.

[51] 陈学华，周年韬，吕鹏飞．基于小护巷煤柱的巷道底臌原因分析及防治研究 [J]．矿业安全与环保，2019, 46 (4)：81-94.

[52] 潘立友，张若祥，孔繁鹏．基于缺陷法孤岛工作面冲击地压防治技术研究 [J]．煤炭科学技术，2013, 41 (6)：14-16, 45.

[53] 郭晓强，窦林名，徐必根，等．邻近采空区巷道外错布置防治冲击地压技术 [J]．煤炭科学技术，2014, 42 (2)：1-5.

[54] 齐庆新，李晓璐，赵善坤．煤矿冲击地压应力控制理论与实践 [J]．煤炭科学技术，2013, 41 (6)：1-5.

[55] 欧阳振华．多级爆破卸压技术防治冲击地压机理及其应用 [J]．煤炭科学技术，2014,

42（10）：32-36，74.

[56] 李松营，姜红兵，张许乐，等. 义马煤田冲击地压原因分析与防治对策［J］. 煤炭科学技术，2014，42（4）：35-38.

[57] 赵善坤，欧阳振华，刘军，等. 超前深孔顶板爆破防治冲击地压原理分析及实践研究［J］. 岩石力学与工程学报，2013，32（S2）：3768-3775.

[58] 蓝航，杜涛涛，彭永伟，等. 浅埋深回采工作面冲击地压发生机理及防治［J］. 煤炭学报，2012，37（10）：1618-1623.

[59] 杨光宇，姜福兴，王存文. 大采深厚表土复杂空间结构孤岛工作面冲击地压防治技术研究［J］. 岩土工程学报，2014，36（1）：189-194.

[60] 刘金海，姜福兴，孙广京，等. 强排煤粉防治冲击地压的机制与应用［J］. 岩石力学与工程学报，2014，33（4）：747-754.

[61] 于正兴，姜福兴，李峰，等. 深井复杂条件下冲击地压主动防治技术［J］. 煤炭科学技术，2015，43（3）：26-29，35.

[62] 苏承东，李化敏. 深埋高应力区巷道冲击地压预测与防治方法研究［J］. 岩石力学与工程学报，2008，27（S2）：3840-3846.

[63] 何江. 煤矿采动动载对煤岩体的作用及诱冲机理研究［D］. 徐州：中国矿业大学，2013.

[64] 吕鹏飞. 冲击地压的扰动加载致灾特征及一体化防治技术研究［D］. 阜新：辽宁工程技术大学，2018.

[65] Brady B. H. G.，Brown E. T. Rock mechanics for underground mining［M］. Beijing：Science Press，2010.

[66] 何江，窦林名，贺虎，等. 综放面覆岩运动诱发冲击矿压机制研究［J］. 岩石力学与工程学报，2011，30（S2）：3920-3927.

[67] 吕鹏飞，陈学华，宋卫华. 单向扰动加载触发煤体冲击破坏特性试验研究［J］. 煤炭学报，2018，43（10）：2741-2749.

[68] 陈学华，吕鹏飞，宋卫华，等. 基于 Weibull 分布的煤体强度计算研究［J］. 中国安全生产科学技术，2017，13（9）：96-100.

[69] 陈学华，吕鹏飞，张文军，等. 基于钻孔冲击当量应力的煤体冲击倾向性实验装置及方法：中国，201510772175.9［P］. 2015-11-12.

[70] 钱七虎，王明洋. 岩土中的冲击爆炸效应［M］. 北京：国防工业出版社，2010.

[71] 王明洋，戎晓力，钱七虎，等. 弹体在岩石中侵彻与贯穿计算原理［J］. 岩石力学与工程学报，2003，22（11）：1811-1816.

[72] 杜涛涛. 矿震震动传播与响应规律［J］. 岩土工程学报，2018，44（3）：418-425.

[73] 靳志同，万永革，黄骥超，等. 2015 年新疆皮山 M_W6.4 地震对周围地区的静态应力影响［J］. 地震地质，2017，39（5）：1017-1029.

[74] 李向农，延军平. 川滇地区 M_s≥7.0 地震时间对称特征及其周期解释［J］. 地震工程

学报，2017，39（4）：698-705.

[75] 吕鹏飞，高林，吴祥业，等 . 煤矿冲击地压危险程度的预测方法、装置、设备及介质：中国，201910107736.1［P］. 2019-02-01.

[76] 吕鹏飞，陈学华，李建伟，等 . 一种煤与瓦斯突出灾害预测方法、装置、设备及介质：中国，201910104714. X［P］. 2019-02-01.

[77] 裴广文，纪洪广 . 深部开采过程中构造型冲击地压的能量级别预测［J］. 煤炭科学技术，2002（7）：48-51.

图书在版编目（CIP）数据

冲击地压扰动加载致灾理论与防治技术/陈学华，
吕鹏飞著 . --北京：应急管理出版社，2019

ISBN 978-7-5020-7667-2

Ⅰ.①冲…　Ⅱ.①陈…　②吕…　Ⅲ.①矿山压力—冲
击地压—研究　Ⅳ.①TD324

中国版本图书馆 CIP 数据核字(2019)第 180470 号

冲击地压扰动加载致灾理论与防治技术

著　　者	陈学华　吕鹏飞
责任编辑	刘永兴　杨晓艳
责任校对	孔青青
封面设计	于春颖

出版发行　应急管理出版社（北京市朝阳区芍药居 35 号　100029）
电　　话　010-84657898（总编室）　010-84657880（读者服务部）
网　　址　www.cciph.com.cn
印　　刷　北京建宏印刷有限公司
经　　销　全国新华书店

开　　本　710mm×1000mm$^1/_{16}$　印张　10$^1/_4$　**字数**　181 千字
版　　次　2019 年 10 月第 1 版　2019 年 10 月第 1 次印刷
社内编号　20192225　　　　　　**定价**　50.00 元